国家自然科学基金青年科学基金项目（52304100）资助

山西省基础研究计划自然科学研究面上项目（202103021224059）资助

厚煤层综放开采煤岩断裂与顶煤放出规律研究

朱帝杰　著

中国矿业大学出版社

·徐州·

内 容 提 要

本书在综合分析国内外厚煤层综放开采相关研究的基础上,以理论分析为主,综合利用模型试验、数值模拟和现场监测等手段,深入系统研究了厚煤层综放开采煤岩断裂与顶煤放出规律。推导了拉-压剪作用下煤岩平行偏置裂纹应力强度因子的计算公式,分析了煤岩平行偏置裂纹间相互作用对其起裂扩展的影响规律;探讨了卸荷作用下煤岩单裂纹的起裂扩展特征,揭示了其受力机制;推导了厚煤层综放开采煤矸分界线和放出体的解析解方程,研究了综放开采过程中煤矸分界线和放出体的动态演化规律;建立了厚煤层综放开采顶煤回收率和含矸率的理论计算模型,提出了厚煤层综放开采放煤终止的依据。

本书适合采矿工程、安全科学与工程等相关领域的科研人员阅读,也可供高等院校相关专业的师生参考使用。

图书在版编目(CIP)数据

厚煤层综放开采煤岩断裂与顶煤放出规律研究/朱
帝杰著.—徐州:中国矿业大学出版社,2024.1
ISBN 978-7-5646-6161-8

Ⅰ.①厚… Ⅱ.①朱… Ⅲ.①厚煤层—综采工作面—
煤矿开采—研究 Ⅳ.①TD823.25

中国国家版本馆 CIP 数据核字(2024)第 049071 号

书　　名	厚煤层综放开采煤岩断裂与顶煤放出规律研究
著　　者	朱帝杰
责任编辑	李　敬
出版发行	中国矿业大学出版社有限责任公司
	(江苏省徐州市解放南路　邮编 221008)
营销热线	(0516)83885370　83884103
出版服务	(0516)83995789　83884920
网　　址	http://www.cumtp.com　E-mail:cumtpvip@cumtp.com
印　　刷	苏州市古得堡数码印刷有限公司
开　　本	787 mm×1092 mm　1/16　印张 8.5　字数 131 千字
版次印次	2024 年 1 月第 1 版　2024 年 1 月第 1 次印刷
定　　价	35.00 元

(图书出现印装质量问题,本社负责调换)

前　言

我国"富煤、贫油、少气"的资源禀赋决定了煤炭在能源结构中的主体地位短期内不会改变。我国的煤炭资源预测总储量高达5.06万亿t,其中厚煤层开采储量约占全国总开采储量的50%,具有极高的开采价值。

我国自20世纪80年代开始引入综放开采技术,在我国厚煤层开采方面取得了巨大的成就。综放开采可以实现厚煤层一次采全高开采,有效避免了分层开采导致的应力集中、巷道支护、瓦斯突出等问题。而相较于大采高开采,综放开采具有成本低、能耗少、灵活适应煤层厚度变化等优点。因此,综放开采已成为我国厚煤层开采的核心技术。

厚煤层综放开采过程涉及顶煤和顶板断裂、煤矸分界线和放出体的动态演化过程,其中煤岩原生裂纹的起裂扩展决定着煤矸的破碎程度,而煤矸分界线和放出体的动态演化决定着顶煤回收率和含矸率的大小。因此,分析煤岩多裂纹起裂扩展特征、准确表征不同放顶煤阶段的煤矸分界线和放出体形态、建立顶煤回收率和含矸率的理论预测模型,对控制综放开采煤岩破碎程度、提高顶煤回收率、降低含矸率具有重要的理论和现实意义。为此,本书以厚煤层综放开采为背景,综合利用理论分析、物理试验和数值模拟方法,系统研究了平行偏置裂纹起裂扩展的影响因素和卸荷作用下煤岩单裂纹的扩展机制;系统分析了不同放煤阶段煤矸分界线和放出体形态的协同演化规律;统计了顶煤回收率和含矸率的变化关系,提出了厚煤层综放开采放煤终止的参考依据。

　　本书是在国家自然科学基金青年科学基金项目(52304100)和山西省基础研究计划自然科学研究面上项目(202103021224059)的资助下出版的。同时,本书的研究工作得到了恩师陈忠辉教授的悉心指导和团队的大力支持,借此机会表示衷心感谢。

　　由于作者水平有限,书中疏漏之处在所难免,敬请读者批评指正。

作　者

2023 年 12 月

目　　录

第1章 绪 论

1.1 引言

煤炭是社会和经济发展的重要推动力,其与石油、天然气共同构成了世界经济正常运行的三大支柱能源。我国的能源结构布局为"富煤、贫油、少气",煤炭资源储量巨大。可以推测,尽管开发清洁能源是未来世界能源的主要发展趋势,我国也在不断地调整自身的能源结构,但在未来相当长的一段时间内,煤炭在我国能源结构中的主体地位将不可动摇[1]。

煤层按其赋存厚度一般可划分成极薄煤层、薄煤层、中厚煤层、厚煤层以及特厚煤层,其中厚煤层的赋存厚度大于 3.5 m。我国厚煤层储备约占总储备的 45%,其产量亦将近占全国原煤总产量的一半[2-6],是我国追求开采效益的主体煤层,有着极其重要的能源价值。厚煤层有分层开采、放顶煤开采以及大采高综采三种开采方法。分层开采是将厚煤层分为几层,在顶分层上设置人工假顶,自上向下逐层开采的一种采煤方法。该方法具有一次采高小、技术相对成熟、煤易回收等优点,其缺点是假顶铺设作业量大、推进速度较慢、假顶及巷道维护困难、采空区易自燃等。放顶煤开采是指在厚煤层底部布置采煤工作面,采用滚筒式采煤机、液压支架、刮板输送机等设备进行联合作业,利用矿山压力(必要时辅以人为扰动)使工作面前方的顶煤破碎,工作面的推进和尾梁的摆动促使破碎的顶煤流向放煤口,从而实现顶煤的回收。放顶煤开采又可以细分为简易放顶煤和综采放顶煤两类。简易放顶煤对顶煤和顶板的控制不好,支架工作阻力以及初撑力均很难满足要

· 1 ·

求,从而容易诱发顶板事故,因此实际生产过程中极少采用简易放顶煤。综采放顶煤是指综合运用机械化放顶煤开采技术来回收顶煤的一种采煤方法,较之分层开采,综采放顶煤方法具有效率高、掘进率低、相对安全以及适应性好等优点,是当前放顶煤生产的主流方法,其缺点是顶煤回收率稍低、管理复杂、放出顶煤中易混入矸石等。大采高综采多指分层厚度和割煤高度大于3.5 m的综采技术,对于3.5~5.5 m煤厚、中硬以上的煤层及顶底板的开采条件,采取该方法比较合适。大采高综采的优点是工作面单产高、所用设备少、较之放顶煤综采的含矸率低、初期效益好等,缺点是对于煤壁松软的工作面容易发生片帮、要求较快的移架速度、所用设备昂贵以及下分层工作面容易发生漏顶事故等。

同煤大唐塔山煤矿位于大同煤田东翼中东部边缘地带,具体位置在口泉河两岸,鹅毛口河北侧,七峰山西部,距离大同市约30 km。塔山煤矿面积约为170.91 km²,沿走向长约为24.3 km,沿倾向宽约为11.7 km。该井田总地质储备约为50.7亿 t,其中工业储备约为47.6亿 t,可采储备约为30.7亿 t,按照当前设计生产能力15 Mt/a估计,塔山煤矿的可采年限约为140年;地质资料以及现场监测结果表明,该矿区煤层自下而上顺次为4 m厚垂直节理发育煤层、6 m厚倾斜节理发育煤层、5 m厚层理发育煤层、2 m厚破裂煤层和不到1 m的破碎煤带。对现场煤取样并进行物理力学性质等试验,结果表明,煤的抗压强度为27~37 MPa,平均为32 MPa。各类层、节理发育充分,如果上部煤层一旦失去平衡,继而充分破碎,冒落性较好,据此预测整个矿区煤层的冒落性均较好,依据结构复杂程度和煤层厚度变化的特征,将其定义为较稳定煤层。首采区3~5号煤层的底板多为碳质泥岩、高岭质泥岩、砂质泥岩、高岭岩以及泥岩,并伴有少量的细砂岩以及粉砂岩,其普氏系数一般为4~6。顶板为岩性不同的薄层岩石互交的复合式结构,其层位结构变化比较大。具体来说,直接顶主要由碳质泥岩、高岭质泥岩、砂质泥岩以及局部煌斑岩层组成,直接顶厚度为6~12 m,平均厚度为8 m。基本顶的层位以及岩性均不稳定,主要由厚层状中硬度以上的粗粒石英砂岩和砂砾岩组成,厚度约为20 m。高岭质泥岩和碳质泥岩的单轴抗压强度为

10.3～34.5 MPa,平均约为 21.0 MPa;砂质泥岩的单轴抗压强度为 31.3～34.4 MPa,平均约为 32.5 MPa;火成岩的单轴抗压强度为 51.3～56.5 MPa,平均约为 54.4 MPa。依据地质勘探资料确定该区矿井瓦斯含量较低,但在实际生产过程中,推进工作面多次瓦斯超标,煤层挥发分大于 37%,灰分为 10%～30%,自然发火期为 6～12 个月,还是存在煤尘爆炸危险性的。该井田内含水类型为砂岩裂隙承压水,含水性较弱,地层单位涌水量为 0.000 8～0.001 L/(s・m),渗透系数为 0.006～0.008 m/d,矿井水 pH 值为 7.09～7.5,最高为 9.01,属于中性或弱碱性水。该井田内断裂构造发育,包括两组断层群,共计有断层 60 余条,其中大多数为正断层,但是在首采工作面内无大的地质构造。塔山煤矿 8102 工作面为一盘区第一个特厚煤层综放工作面,其长度为 231 m,采高为 3.5 m,沿走向长度约为 1 700 m,煤层平均厚度约为 13.9 m,采放比约为 1:2.9。工作面两巷布置一进一回,且在煤层顶板中设置一瓦斯高抽巷,进刀方式为头尾端头斜切进刀,双向割煤,放煤步距为 0.8 m,采取一刀一放、多轮顺序放煤的采放工艺,头尾过渡支架不放煤[7]。

顶煤和顶板中含有大量的原生裂纹,综放开采时这些原生裂纹会在支撑压力和尾梁摆动等作用下起裂扩展,最终顶煤、顶板破碎成流动性相对较好的散体并在重力作用下垮落,垮落过程对工作面前方尚未充分破碎的顶煤、顶板又会产生一定的卸荷效应,从而影响其内部裂纹的扩展演化。总之,综放开采过程中,顶煤、顶板中的原生裂纹是在压、拉剪和卸荷等综合作用下起裂扩展,直至破碎成流动性相对较好的散体块而从放煤口放出。为此,本书以煤岩平行偏置裂纹为研究对象,综合利用理论分析、单轴压缩试验和数值模拟研究其在拉剪、压剪以及卸荷作用下的起裂扩展特征,为分析综放开采过程中煤矸的破碎机理提供参考。

针对煤质比较松软或较易破碎的厚煤层,采用综合机械化放顶煤技术是比较合理的。提高顶煤回收率、降低含矸率是综放开采实际生产的最终目的,遗憾的是,综放开采生产过程中的顶煤回收率普遍相对较低也是不可回避的事实。综放开采时顶煤的运移轨迹、煤矸分界线以及放出体形态的动态演化等顶煤放出规律直接决定了顶煤回收率的高低,而目前针对上述顶煤放出规律的研究多局限于模型试验、数值模拟以及少量的现场观测等方面,仅有的理论研究也多是借助于金属矿开采中的椭球体理论,厚及特厚煤层综放开采顶煤放出规律的理论研究整体相对滞后。为此,本书以大同矿区塔山煤矿厚煤层综放开采为工程背景,以理论分析为主,结合模型试验和数值模拟方法,系统研究了厚煤层综放开采顶煤放出规律,研究成果对进一步推动厚煤层综放开采的理论研究和指导实际生产具有重要的现实意义。

1.2　国内外研究现状

综放开采技术最早于 20 世纪中叶在欧洲出现,最初仅用来开采边角煤以及煤柱,产量较低,并没有将这种潜力巨大的采煤技术发扬光大。我国于 20 世纪 80 年代初期引入了综放开采技术,到现在已经 40 多年了,在此期间,我国在综放开采技术的研究方面取得了长足的进步。目前,国内外学者已经在综放开采过程中煤岩裂纹发育与破断机理、矿压显现与支架荷载、顶煤的冒放与回收等方面的研究中取得了许多成果。

1.2.1　煤岩裂纹发育与破断机理研究

综放开采过程中会因周期来压而在工作面前方区域产生支撑压力,加之尾梁的上下摆动以及顶煤和矸石的垮落等综合作用,顶煤和顶板中的原生裂纹会不断地起裂扩展,直至破碎成流动性相对较好的散体。针对煤岩裂纹发育与破断机理,许多学者做了卓有成效的研究。

李化敏等[8]首先分析了放顶煤过程中顶煤的受力环境,然后根据现场实测结果分析了工作面前方的顶煤变形及分区特征,并通过现场试验研究了不同移架形式对顶煤破碎块度的影响。

张顶立等[9]通过对现场试样进行全应力-应变试验,分析了其抗压强度和残余强度的变化特征,继而建立了煤矸组合系统力学模型,研究了含夹矸煤层的破碎特征。

王卫军等[10]结合现场试验,利用弹性力学和矿压理论提出了急斜煤层的顶煤破碎机理,研究了矿压显现和顶煤破碎的关系。

赵伏军等[11]总结现场试验,利用断裂力学知识研究了急斜煤层顶煤破断和破碎机理,指出了裂纹发育对急斜煤层放顶煤开采的重要性。

陈忠辉等[12-13]利用损伤力学知识研究了综放开采过程中顶煤在支撑压力作用下的损伤特征与冒放性的关系,构建了损伤参量的计算模型,并据此分析了原生裂纹、水平应力等对顶煤冒落性的影响;依据大同忻州窑矿8911工作面实际工况,采用数值模拟软件FLAC^{3D}分析了该采场的三维应力分布特征以及顶煤的破断规律,并与现场实测对比验证了数值模拟结果的可行性,指出该矿的煤质较硬,支撑压力不足以使顶煤充分破碎,需要采取预裂爆破等软化顶煤措施以改善顶煤的冒放性。

席婧仪等[14-15]利用经典Kachanov法推导了拉、压剪作用条件下煤岩体中不等长共线裂纹尖端的应力强度因子方程式,并据此分析了煤岩体中共线裂纹长度、内尖端间距以及倾角等参数对其相互作用的影响规律。

田利军[16]结合现场实际,利用爆破试验和分形知识探究了分形块度、表面裂隙分维与爆破能量密度的相互关系,并据此提出了改善顶煤破碎效果、提高顶煤冒放性的合理爆破以及施工参数。

王开等[17]结合路天煤矿第二采区1604工作面的煤层赋存地质条件,通过相似材料物理模型试验,定量地分析了浅埋深煤层的裂隙组数及其和工作面位置的匹配对顶煤回收率的影响,指出顶煤回收率与裂隙组数近似呈线性增大关系,分析了单组裂隙、双组裂隙以及三组裂隙条件下主次裂隙方位与工作面的夹角对顶煤回收率的影响规律,并将研究结果应用于指导1604工作面的实际生产,较之不实施裂隙方位匹配的1603工作面回收率提高明显,为类似地质条件的煤矿合理设计工作面推进方向提供了依据。

魏锦平等[18]以硬、中、软三种硬度的大煤样为试验对象,通过真三轴压力试验研究了支撑压力作用下三种煤样的压裂特征,并结合分形理论分析了支撑压力作用条件下顶煤中裂隙的演化过程,指出可以利用多项式来定量分析裂隙分形维数和支撑压力之间的关系,结合损伤力学建立了硬煤和软煤的压裂本构方程,并以此解释了大同忻州窑矿 8914 和 8916 综放工作面回收率一低一高的原因。

康鑫等[19]为了研究综放开采顶煤的破碎机理,首先从现场取若干煤样并加工,然后结合格里菲斯强度理论对加工后的煤样进行了室内剪切试验,并采集了不同剪切角条件下煤样表面裂纹扩展情况,指出煤样的破坏本质上是其内部裂隙的延伸扩展,裂隙的存在方式决定了煤样的破坏强度。

N. E. Yasitli 等[20]针对预测厚煤层综放开采时的地层响应特征这一难题,以及开采过程中有大量的顶煤滞留在采空区和所放出的顶煤易混入矸石的客观事实,以土耳其某工作面实际工况为背景,采用有限差分程序 FLAC[3D]模拟了工作面支撑压力的分布以及顶煤的破碎情况,指出最大垂直支撑压力出现在工作面前方 7 m 处,综放液压支架上方约 1.5 m 处的煤层破碎较为充分,但该破碎带上方 3.5 m 处的煤层不破碎或者破碎后的块度较大,从而影响放煤过程的连续性。结合数值模拟结果,建议对该矿区开采前进行提前爆破,以促使顶煤充分破碎,改善其冒放性。

祝凌甫等[21]以塔山矿 8105 工作面实际工况为背景,借助 FLAC[3D]程序,通过监测各节点的位移,模拟分析了不同采高、不同支护强度条件下的上位、中位和下位顶煤的水平位移、垂直位移随煤壁距离间的变化特征,指出增大机采高度将会使得顶煤始动点前移,顶煤破碎得更加充分,破碎煤块体位移也随之增加,综放支架支护强度的增加将增大下位顶煤的位移,从而使得下位顶煤更容易破碎。

闫少宏等[22]首先对阳泉一矿 8603 综放开采工作面和米村矿 15011、15051 综放开采工作面的顶煤位移进行了比较详细的实测,然后分析了前人对潞安王庄煤矿 4309 综放开采工作面和大同忻州窑矿 8902 综放开采工作面顶煤运移过程中的位移以及裂隙实测结果,最后联系破坏与非破坏的概念,运用损伤力学基本原理,建立了顶煤损伤方程,据此详细解释了顶煤体的变形破坏规律。

张玉军等[23]以山西王坡煤矿 3[#]煤层 3202 工作面为研究对象,通过监测钻孔冲洗液的泄漏量,辅以钻孔电视系统,确定了裂隙带高度和覆岩破坏高度,分析了高强度综放开采覆岩破坏的形态特征,统计分析了覆岩裂隙倾角分布特征、裂隙数量与钻孔深度和裂隙宽度的相互关系。通过模型试验研究了综放开采过程中顶板垮落裂隙演化和煤壁上方顶板内裂隙分布特征,并统计分析了工作面前方覆岩裂隙密度。指出王坡煤矿高强度综放开采覆岩破坏高度为 94.00～104.92 m,采动岩体裂隙以高角度发育为主,其发育数量和埋藏深度呈二次幂增大关系,裂隙宽度与数量大致呈现正态分布,发育裂隙主要集中在前、后煤壁。

涂敏等[24]针对煤层开采后在上覆岩层中易出现采动裂隙从而导致应力突变和井下突水等事故的客观事实,以淮北煤田 810# 采区 8101 工作面为研究对象,首先通过在模型中不同岩层设置位移测点,对顶板岩层的垂直位移和采动裂隙进行了监测,然后利用有限差分软件 FLAC 模拟计算得出不同采放比时的覆岩最大冒落高度以及对应的有效裂高,最后将研究成果引入生产实际,取得了较好的效果。

刘英锋等[25]以大佛寺煤矿作为研究对象,首先采用钻孔电视系统和简易水文观测法对 4 号煤层 40106 工作面前方的顶板导水裂缝带进行了观测,根据观测结果分析了水裂缝带的动态演化过程,确定了其发育高度,然后通过模型试验和 UDEC 软件模拟分析了覆岩的垮落破坏规律,指出大佛寺特厚煤层综放开采条件下顶板导水裂缝带发育高度为 170.80～192.12 m,裂高采厚比平均为 16.02 倍,在裂缝带区域内,自下向上裂隙数目增多,近煤层区域裂缝特别发育。

综上可知,当前关于外荷载作用下煤岩多裂纹相互干扰对其起裂扩展影响的研究相对较少,仅有的研究主要集中在共线裂纹的相互作用上[14-15]。然而,煤岩中的原生裂纹在历史地应力作用下多沿 1～2 个主方向、呈平行偏置状态分布。因此,建立煤岩平行偏置裂纹的理论分析模型、分析其起裂扩展影响因素,对控制厚煤层综放开采顶煤与顶板的破碎程度具有重要的现实意义。

1.2.2 破碎顶煤的冒落、运移以及回收研究

综放开采的最终目的是通过增加顶煤回收率、减少含矸率从而使开采效益最大化。破碎煤岩的冒落特征、运移规律等直接影响着顶煤回收率的大小,国内外学者已经对此做了许多工作。

来兴平等[26]将急倾斜特厚煤层覆层动态发育成的"拱结构"简化为非对称、受非均布荷载作用的三铰拱结构,构建了非对称的三铰拱力学模型,然后根据结构力学等知识,并结合有限元数值模拟,深入分析了急斜特厚煤层水平分段开采时覆岩类椭球体发育以及局部动态演化特性,指出这种开采条件下顶煤与上覆煤矸形成非对称"拱结构",该结构随着放煤持续逐渐演化为倾斜椭球体,拱角、拱顶煤岩失稳是导致局部矿压突变和动力学灾害的主要原因。

A. Vakili 等[27]基于 UDEC 和 PFC[2D]等数值模拟软件提出了一种以顶煤冒放率为主要参量的新的顶煤冒放性评价准则,更加系统全面地介绍了厚煤层综放开采的顶煤垮落机理,并着重分析了 6 种影响顶煤垮落的因素,最后结合先前的工程实际检验了新准则的准确性。

H. Alehossein 等[28]根据工作面前部和综放支架后部顶煤的现场应力条件,结合莫尔-库仑岩石断裂准则、胡克-布朗岩石断裂准则以及非相关弹塑性应变软化材料的力学特性,提出了一种预测顶煤破断及其冒落性的准则,数值模拟和现场实际数据均较好地符合该准则预期。作为一种预测模型,该准则可以用于评估不同开采条件下综放开采过程中顶煤成功冒落的可能性,并已经用于评价我国 14 个工作面的开采效果。

高超等[29]在东坡煤矿 914 工作面地表建立地表移动观测站,利用这些观测站观测获得了该矿地表沉陷预计参数和角量参数,研究了近浅埋深、中厚基岩、特厚煤层综放过程中的地表沉陷特征,指出特厚煤层综放开采情况下,地表移动初始期相对较短,活跃期内的地表下沉剧烈。

S. Karekal 等[30]第一次将光滑粒子流体动力学法与有限元法相结合,用于模拟成层矿床的岩石垮落过程,结合有着较大屈服强度的脆性材料和较

小屈服强度的弹塑性材料的模拟结果强调了无网格法模拟岩石垮落过程的优越性,指出该方法可以有效用于模拟综放开采和其他采矿的煤岩垮落过程中的大变形及相关破断问题。

贾光胜[31]首先详细讨论了影响顶煤冒落的各个因素,然后选取影响相对较大的指标,结合我国生产实际,采用模糊聚类分析运算将顶煤冒放性分为 4 类,最后依据分类结果,构建不同种类的样本,在此基础上,通过识别模糊模式,将待定冒放性顶煤分别与各模式分析对比,即可明确其冒放性所属种类。

厚煤层综放开采过程中顶煤冒放性等级的评价因涉及诸多不确定因素而显得比较困难,郭超[32]针对这一问题,借用未确知测度理论,提出一种顶煤冒放性识别的未确知测度模型,然后以 6 个实测指标作为冒放性识别的主要影响因素,结合工程实际给出了适用于评价冒放性指标的测度函数,并引进信息熵理论明确各指标比重,利用置信度识别准则来分析顶煤冒放性,最后将该模型应用于工程实际中,检验了其适用性。

康天合等[33]结合酸刺沟煤矿 6-1 号煤层赋存的地质现状,采用大比例模型试验,研究了大采高全厚综放过程中顶煤与顶板的冒落特性、采空区矸石的碎胀特点和堆积角大小、支架工作阻力以及顶煤回收率等,证明了大采高综放全厚开采特厚中硬煤层在技术上的可行性,指出开采过程可以分为初采阶段、过渡阶段以及正常阶段,并分析了不同放煤阶段的回收率随工作面推进以及顶板垮落的变化特征,开采过程中会出现大厚度顶煤悬臂和大高度切顶现象,从而提出应该采取预爆破或预注水等措施以使顶煤弱化。

白义如等[34]为了解决白草峁井田 5 号特厚煤层如何进行分层开采这一问题,通过 5 号煤顶分层放顶煤开采、5 号煤分 3 层放顶煤开采以及 5 号煤分 2 层放顶煤开采共计 3 组模型试验分析了其顶煤冒放结构,统计了其顶煤回收率,并在各个分层安装压力盒监测了上、中、下分层回采时的支撑压力,通过分析支撑压力峰值、应力集中系数平均值以及支撑压力影响范围,讨论了不同分层条件下顶煤的破坏及冒放特性,指出该井田分 2 层开采回收率偏低,应该采用分 3 层的方法进行放顶煤开采,且分 3 层开采时上分层的顶煤回收率比中、下分层低,并且确定了最佳分层厚度以及最佳采放比。

王家臣等基于散体介质流思想,通过室内模型试验首先获得了初始煤矸分界线和推进过程中煤矸分界线的试验形态,得到了推进过程中的残煤形态,然后根据两种煤矸分界线的试验形态拟合出其二次公式,在此基础上可以预测放煤量与残煤量。试验分别测定了不同采放比、不同放煤步距以及不同煤矸粒径比情况下的顶煤回收率和含矸率,指出采放比为 1∶2 时,放煤效果相对较好,放煤步距过大时将导致残留煤量过多,大的破碎顶板岩石粒径利于提高回收率、降低含矸率[35]。利用离散元程序 PFC³ᴰ 建立了顶煤放出的三维数值模型,对不同采放比以及放煤步距条件下的顶煤放出规律进行了全面的模拟分析,指出初始放煤时,煤矸颗粒形成较稳定的速度场和二次松散区,顶煤放出体呈掩护梁切割类椭球状,其轴偏角随放煤时间呈指数关系减小,放出体高度则随时间呈幂函数关系增大,煤矸分界面中心轴偏向采空区,无论何种采放比及放煤步距,随着工作面推进距离的增加,顶煤回收率最终均趋于稳定[36]。

张锦旺等开发了散体顶煤综放三维模拟试验台,较之普通二维试验台,其在工作面方向的长度得以明显拓展,模拟更贴近真实的散体顶煤放出过程。利用该试验台可以模拟放煤口的开关和移架,可以在模拟工作面端头损失情况下进行不同放煤顺序和移架速度等试验。除此之外,通过在模拟煤层中铺设标志颗粒还可以测定顶煤回收率和反演三维放出体发育过程。最后利用该试验台模拟了仰斜综放散体顶煤三维放出过程,获得了仰采情况下的顶煤回收率、放出体和煤矸分界线的特征[37]。此外,还基于自主研制的放煤试验台,采用物理模拟试验和理论分析相结合的方法研究了块度级配对初始放煤量、颗粒运移轨迹和煤岩分界面演化特征的影响[38]。针对急倾斜特厚煤层的水平分段综放开采方法,基于 BBR 理论,采用 Bergmark-Roos(B-R)模型分析了存在倾斜边壁影响时的顶煤运移规律及放出体形态变化机理,建立了水平分段综放开采受顶、底板侧边壁影响的放出体理论计算模型,据此模型提出了不同煤层倾角范围内的合理分段高度及放煤方式优化建议[39]。

王兆会等[40]为实现综放开采顶煤冒放性的定量评价,综合利用室内实验、理论分析、数值计算和现场实测等研究手段,测试单轴抗压条件下型煤和原煤中超声波速的全程动态演化特征,构建超声波速预测模型并将其应用于综放开采顶煤冒放性预测,取得了良好的预测效果。

黄炳香等首先参考工程实际中顶煤破裂后的块度分布规律,通过室内试验探讨了煤层顶板为细散砂岩时不同放煤步距、不同顶煤块度等对煤矸流场形态以及顶煤回收率与含矸率等的影响,并且给出了相应的放煤步距选取原则,指出增大放煤步距利于控制细砂下窜速率,最后将分析结果用于指导工程实际[41-42];通过模型试验研究了放煤步距、煤矸块度、采放比、支架高度以及掩护梁倾角等对煤矸分界线形态、始动点位置以及煤矸前后流动边界的影响,分析了过量放煤对煤矸分界线以及后续放煤过程的影响,讨论了含矸率与顶煤回收率的相互关系,指出当煤矸流中矸石的比例达到 1/3 时应当停止放煤过程[43];首先分别分析了大采高综放开采液压支架掩护梁倾角、放煤口尺寸及其位置与支架高度的关系,然后结合现场生产实际,通过室内试验分析了采放比、放煤顺序以及放煤步距对大采高综放煤矸流场的影响规律,最后将研究成果应用于指导现场生产,生产效益显著提高[44]。

张开智等[45]自主研发了大比例综放开采二维试验台,以兴隆庄煤矿 5318 工作面为背景,借助试验分别分析了 4 种放煤步距时的顶煤回收率与灰分之间的相互关系,明确指出二者关系可以用抛物线来表征,合理放煤步距应设置为 0.8 m,定量分析了放煤关口时间与放出体灰分的关系,并将研究成果成功应用于指导 5318 工作面的生产,增产效果显著。

陈庆丰等[46]以平朔矿区 4 号和 5 号煤层为工程背景,通过模型试验获得了不同采放比和放煤步距情况下的顶煤运移规律和煤矸流中含矸率的变化情况,讨论了顶煤回收率与含矸率的相互关系,指出平朔矿区综放开采的合理放煤步距为一采一放,并且给出了停止放煤的参考准则。

富强等[47]利用改进的圆盘单元的离散元法,结合计算机辅助设计(CAD)技术,对单口放煤和低位支架综放开采时的接触力场、速度场等进行了数值模拟研究,通过考虑顶煤厚度、支架高度及二者之间关系提出了顶煤的落放规律,讨论了放煤步距对顶煤落放的影响,并指出传统椭球体放煤理论分析低放煤口尺寸影响、薄顶煤综放开采等问题时的缺陷。

白庆升等[48]首先分析了支架后上方顶煤及直接顶的破碎、冒落等特性,然后利用离散元程序 PFC²ᴰ建立数值模型,通过监测分析顶煤运移轨迹、运移速度以及煤矸颗粒间的接触力等参数详细研究了顶煤架后的成拱机理,指出冒落顶煤在放出口上方某一区域运移速度较快,但该区域两侧块体运动速度较小,因此高位大块体顶煤流向放出口时容易挤压形成拱形结构,即接触力拱,其周期性的形成和垮塌导致了破碎顶煤的放出,最后通过现场观测验证了模拟结果,对提高回收率和优化支架设计具有重要借鉴意义。

张勇等利用 PFC²ᴰ软件构建了二维数值模型,比较了含硬煤分层顶煤在大截深一采一放和相同步距条件下两采一放时的顶煤回收率大小关系,指出前者顶煤回收率要高于后者,造成这种差异的主要原因是分层放出率的不同:两种放煤形式下位顶煤放出率差别不大,但硬煤分层顶煤和上位顶煤的回收率均是大截深一采一放高,并指出加大截深有利于顶煤的放出,且其优越性随硬煤分层厚度和块度的增加而愈加显著[49];利用 PFC²ᴰ软件研究了厚煤层综放开采不同块度情况下散体顶煤的放出规律,探讨了回收率的若干影响因素,获得了顶煤块度和其放出率的相互关系,指出顶煤块度有一限值,低于此值,回收率较高,反之,则大幅降低,破碎顶煤和矸石运移过程中形成的拱状结构是导致顶煤中混入矸石的根本原因,在此基础上提出了提高放出率的若干建议[50]。

毛德兵[51]利用 PFC²ᴰ软件模拟分析了回收率与采高、顶煤厚度之间的内在联系,指出对于特厚煤层一次采全厚时可以相应增加采高,以增大回收率,为了有效降低含矸率,工作面前方的顶煤厚度不能太大。

蒋金泉等[52]首先对颗粒状散体介质离散元软件进行二次开发,然后据此模拟了 4 种不同放煤步距条件下的顶煤放出过程,并分别计算其顶煤回收率、含矸率以及顶煤损失量,从而确定了顶煤厚为 2~3 m 条件下的合理放煤步距为 1.0 m,较合理放煤步距为 0.8 m,并将这一成果用于指导兖矿集团工作面生产实际以及综放开采成套设备的生产加工中,取得了良好的经济效益。

翟新献等[53]结合杨村煤矿走向长壁底分层综放开采的实际地质情况,借助深基观测孔较好地监测了不同层高的顶煤以及上覆岩层的位移大小及其与工作面煤壁距离的内在联系,总结了煤壁前后顶煤的运移特征,指出可将顶煤分为 4 个变形分区,并且实测获得了各分区的范围。

张益东等[54]针对特厚煤层综放开采时顶煤回收率相对较低的客观事实,以担水沟煤矿大倾角特厚煤层为研究对象,首先借助室内试验研究了大倾角厚煤层综放开采情况下不同放煤步距对回收率与含矸率的影响规律,然后借助 PFC 软件建立数值模型,统计分析了大倾角厚煤层综放开采情况下不同放煤方式对顶煤回收率大小的影响,在此基础上给出了合理的放煤步距以及放煤顺序,最后将研究成果应用于工程实际,顶煤回收率得到显著改善。

仲涛[55]结合同煤集团塔山矿 3～5 号煤层的实际工况,综合利用理论研究、软件模拟和实地监测等方法,对特厚煤层综放开采情况下的破碎顶煤和矸石的运移特征,尤其是煤矸拱的周期性形成与破坏以及其对煤矸流场和残煤量的影响进行了详细的研究,为确定合理放煤工艺以及相关参数、提高顶煤回收率等提供了参考,并将相关研究成果应用于生产实际,取得了良好的技术效果。

王家臣、杨胜利等首先通过在不同高度的煤层中安放射频标签,利用自主研制的顶煤运移跟踪仪现场监测了山西某矿 4331 工作面各层顶煤的回收率,然后借助模型试验得出了各层顶煤回收率的试验值,并通过统计所放出的不同层位的标志点,回归拟合出不同层位的颗粒运移曲线,指出可以用 70% 作为一般条件的工作面顶煤回收率的基本估计,靠近支架的下位顶煤回收率因受移架步距影响而偏低,靠近顶板的上位顶煤回收率因窜矸现象而低于其他层位,放煤时顶煤先沿着二次曲线向后下方移动,接着垂直向下移动,移架后会沿着二次或三次曲线从放煤口被放出[56];基于散体介质流思想,综合利用三维模型试验和 PFC[3D]软件模拟分析了多夹矸近水平煤层综放开采煤矸放出体的空间形态以及顶煤回收率的三维分布规律,指出放煤量以及放煤效率从上端头到下端头逐渐增大,含矸率则降低,最后指出采用间隔放煤的方法有助于提高多夹矸煤层的顶煤回收率[57];综合利用三维模型试验、软件模拟以及现场观测等方法,从放出体和煤矸分界面动态演化的角度详细探讨了急斜厚煤层综放开采顶煤回收率的分布特征与机理,指出该开采条件下顶煤回收率沿煤层倾向呈"几"字形分布,并解释了其原因,通过现场实测和软件模拟验证了试验结果[58];结合模型试验、数值模拟和理论分析等方法,综合考虑煤岩分界面、顶煤放出体、顶煤回收率和含矸率等 4 种因素,构建了系统研究综放开采顶煤放出规律的 BBR 体系,据此分析了煤矸分界面形态以及支架和移架过程对其产生的影响,提出其拟合曲线,并借助软件模拟研究了放出体的发育特征,给出了提高回收率、降低含矸率的相关措施,解释了放煤口的成拱机理[59-60];综合利用大量物理模型试验、PFC 数值模拟以及现场观测等方法,系统研究了散体顶煤综放开采过程中的顶煤放出机理,包括采放比、煤矸块度比以及放煤步距对煤矸分界线、放出体以及采空区残煤量的影响,通过在模型试验顶煤中铺设标志颗粒并回收和应用现场钻孔观测等方法研究了顶煤回收率大小的影响因素[61];通过设置对比试验,首先理论分析了综放开采液压支架对顶煤放出量的影响,得出了放出量与放出体高度支架的关系,并通过标志颗粒回收的方法反演出了顶煤放出体的试验形态,得出了放出体高度与放出体偏心率、轴偏角支架的关系曲线,最后通过 PFC^{3D} 数值模拟验证了放出体轴偏角和放出量随放煤过程的变化规律[62];首先利用 PFC^{2D} 软件模拟研究了不同煤层倾角条件下放出体、煤矸分界线形状异同以及采空区残煤量与回收率的大小关系,给出了放煤步距、回收率以及煤层倾角之间的曲线关系,然后通过三维模型试验结合标志点回收方法研究了不同放煤顺序、不同支架以及不同层位顶煤回收率的大小关系,最后通过现场钻孔安放标志点的方法现场观测了不同位置处的顶煤回收率和工作面整体采出率,系统分析了煤层倾角对综放开采破碎顶煤块体放出特征的影响[63]。

具体到综放开采生产过程中的煤矸运动特征、顶煤垮落机理以及放出体形态发育等的理论研究方面,1952 年,苏联的马拉霍夫第一次提出"椭球体理论",其实质是将矿石放出体视为一近似椭球体,后来国内外学者对该理论进行了补充和完善,并应用于生产实践[64]。于海勇、吴健等[65-66]将"椭球体理论"应用到综放开采顶煤放出体的研究中,也是目前厚煤层综放开采研究所采用的主流理论,但该理论在预测顶煤损失和含矸率方面尚显不足。其他学者也尝试在综放开采的理论研究方面有所突破,王家臣等考虑到综放开采与金属矿开采放煤口布置方向的本质差异,综合利用模型试验、数值分析以及实地监测等手段提出了"散体介质流理论",阐明了综放开采过程中的顶煤运移特征,并将其应用于指导实际生产[67];将散体介质力学中的 Bergmark-Roos 模型引入综放开采顶煤放出体形态的研究中,考虑支架的影响,结合三维模型试验和数值模拟对该模型进行了改进,新模型可以较好地解释顶煤的放出过程,分析介质间摩擦因数和颗粒临界运移角度等因素的影响,得到顶煤放出体的理论形态,该模型可以用来预测不同顶煤厚度条件下的放煤持续时间[68];应用散体介质流的思想,结合模型试验和软件分析,应用散体力学的知识构建了理论描述初始放煤阶段煤矸分界线形态的力学模型,并据此模型解释了其形态的成因,指出放煤步距和破碎直接顶厚度对其形态影响起着决定性作用,最后给出了直接顶合理厚度的计算方法[69]。田多等[70]基于椭球体放煤理论推导了可放椭球体、实放椭球体以及松动椭球体方程,并据此分析了三者之间的相互关系,计算了不同煤层厚度和不同放煤步距条件下平朔矿区井工一矿 4 号煤层 4106 工作面的顶煤回收率,从而给出了该工作面不同煤层厚度时的最佳放煤步距,使得该工作面顶煤回收率大幅度提高。宋晓波等[71]基于数值模拟,于斌等[72]基于模型试验,初步将随机介质理论引入厚煤层综放开采煤矸分界线及放出体形态特征的研究中,但研究内容多停留在放煤终止后的静态特征,对放煤过程中煤矸分界线和放出体的动态演化没有做深入的研究,厚煤层综放开采最为关注的回收率也没有涉及。整体而言,当前的厚煤层综放开采的理论研究还主要停留在经典"椭球体理论",总体进展缓慢。

1.3   主要研究内容

顶煤回收率是厚煤层综放开采关注的核心问题,而顶煤与顶板的断裂特征与破碎顶煤的放出规律直接影响着顶煤回收率。厚煤层综放开采过程中,工作面前方顶煤断裂区的煤岩原生裂纹在矿压作用下发生起裂扩展,扩展至一定程度后彼此贯通导致顶煤断裂,随着工作面的推进,顶煤断裂区逐渐过渡为顶煤破碎区,该区的顶煤在尾梁摆动作用下进一步破碎成流动性较好的散体,可以执行放煤操作,如图 1-1 所示。

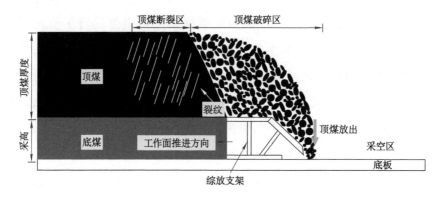

图 1-1   厚煤层综放开采示意

本书着重对顶煤断裂区煤岩裂纹的起裂扩展和破碎区顶煤的放出规律两个方面展开系统研究,具体研究内容如下:

(1)基于"经典 Kachanov 法",推导拉、压剪作用条件下煤岩平行偏置双裂纹尖端的应力强度因子表达式,结合 RFPA^{2D} 和单轴压缩试验,研究裂纹长度、倾角、垂直间距以及水平间距对平行偏置裂纹扩展的影响特征。

(2)研究卸荷作用下煤岩单裂纹的扩展模式,分析起裂荷载与裂纹倾角、长度和卸载速率的关系,揭示卸荷作用条件下单裂纹的受力机制。

(3)基于随机介质理论,推导表征厚煤层综放开采煤矸分界线和放出体形态的解析解方程。结合相似模拟试验,拟合获得解析解中对应的参数值。

（4）利用推导的煤矸分界线方程，分析初始放煤和周期放煤阶段的煤矸分界线动态演化规律。结合相似模拟试验和数值模拟结果，验证所推煤矸分界线方程的正确性。

（5）利用推导的放出体方程，分析不同采放比条件下的放出体形态动态演化规律。结合数值模拟结果，验证所推放出体方程的正确性。

（6）基于推导的煤矸分界线和放出体方程，协同考虑煤矸分界线和放出体的演化特征，建立顶煤回收率与含矸率的理论计算模型。结合现场实测数据，验证理论模型的正确性，最终提出综放开采放煤终止的参考依据。

第 2 章　煤岩平行偏置裂纹起裂扩展规律

2.1　引言

　　厚煤层综放开采煤岩裂纹的起裂直接影响着顶煤的断裂和破碎块度，继而影响顶煤的放出。本章基于"经典 Kachanov 法"，首先推导了拉、压剪作用下煤岩平行偏置裂纹尖端的应力强度因子表达式，据此以应力强度因子比值为参量分析了水平间距、垂直间距、裂纹长度和倾角对平行偏置裂纹起裂扩展的影响，并通过单轴压缩试验和 RFPA^{2D} 数值模拟验证分析。

2.2　拉剪平行偏置裂纹相互作用

2.2.1　拉剪作用下的理论分析

　　"经典 Kachanov 法"将受远场应力并含有 N 条裂纹的无限平板问题等效为 N 个子问题：每个子问题只含一条裂纹且受伪面力而远场作用力消失，伪面力等于该裂纹初始面力与其他（$N-1$）个裂纹在该裂纹上引起的面力之和。该法认为伪面力由两部分组成：均匀分布部分及合力为零的非均匀分布部分，而裂纹间的相互影响仅由均匀分布部分引起，忽略合力为零的非均匀分布部分的影响。本节基于此法，研究了受远场单向均匀拉伸作用的无限大平板中平行偏置双裂纹间的相互影响，如图 2-1 所示。图 2-1 中 $x'o'y'$ 与 xoy 为两个局部坐标，裂纹 1 和裂纹 2 的长度分别为 $2c$ 和 $2a$，内尖端

（即 a 端和－c 端）水平间距为 u（两裂纹重叠时 u 取负值），垂直间距为 v，裂纹倾角为 γ，p^∞ 为远场作用力。

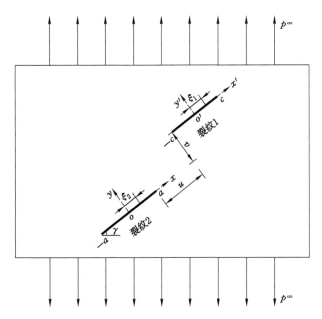

图 2-1　无限平板拉剪作用下平行偏置裂纹

以仅含裂纹 1 为例，其上伪面力分解如图 2-2 所示，其中初始面力 p_1^∞ 为远场应力 p^∞ 在裂纹 1 上的分量。

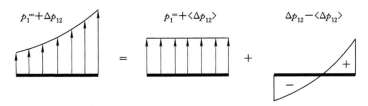

图 2-2　裂纹 1 面力分解

裂纹 i 伪面力：

$$p_i(\xi_i) = \begin{Bmatrix} \sigma_i(\xi_i) \\ \tau_i(\xi_i) \end{Bmatrix} = p_i^\infty + \Delta p_{ij}(\xi_i) \qquad (2\text{-}1)$$

其中裂纹 i 初始面力 p_i^∞ 和裂纹 j 均布面力对裂纹 i 产生的附加面力

$\Delta p_{ij}(\xi_i)$ 计算如下：

$$p_i^{\infty} = \left\{ \begin{matrix} \sigma_i^{\infty} \\ \tau_i^{\infty} \end{matrix} \right\} = \left\{ \begin{matrix} -\dfrac{1}{2}p^{\infty} - \dfrac{1}{2}p^{\infty}\cos(2\gamma) \\ -\dfrac{1}{2}p^{\infty}\sin(2\gamma) \end{matrix} \right\} \tag{2-2}$$

$$\Delta p_{ij}(\xi_i) = \left\{ \begin{matrix} \Delta\sigma_{ij}(\xi_i) \\ \Delta\tau_{ij}(\xi_i) \end{matrix} \right\} = \begin{bmatrix} f_{ij}^{nn} & f_{ij}^{tn} \\ f_{ij}^{nt} & f_{ij}^{tt} \end{bmatrix} \left\{ \begin{matrix} \langle\sigma_j(\xi_j)\rangle \\ \langle\tau_j(\xi_j)\rangle \end{matrix} \right\} \tag{2-3}$$

对式(2-1)取平均：

$$\langle p_i(\xi_i)\rangle = p_i^{\infty} + \begin{bmatrix} \Lambda_{ij}^{nn} & \Lambda_{ij}^{tn} \\ \Lambda_{ij}^{nt} & \Lambda_{ij}^{tt} \end{bmatrix} \langle p_j(\xi_j)\rangle \tag{2-4}$$

式中：$i,j = 1,2$ 且 $i \neq j$，f_{ij}^{nn}、f_{ij}^{tn}、f_{ij}^{nt} 和 f_{ij}^{tt} 为相互作用系数，表示裂纹 j 上单位均布力在裂纹 i 上产生的附加应力，例如 f_{12}^{tn} 表示裂纹 2 上单位均布法向力在裂纹 1 上产生的切向附加应力；Λ_{ij}^{nn}、Λ_{ij}^{tn}、Λ_{ij}^{nt} 和 Λ_{ij}^{tt} 为相互作用因子，表示裂纹 j 上单位均布力在裂纹 i 上产生的附加应力平均值，例如 Λ_{12}^{tn} 表示裂纹 2 上单位均布法向力在裂纹 1 上产生的切向附加应力的平均值。

相互作用系数和相互作用因子均可通过文献[73]附录求得，结合式(2-1)～式(2-4)可求出伪面力，则裂纹 i 内外尖端的应力强度因子(l_i 为裂纹 i 半长)可求解如下：

$$\left\{ \begin{matrix} K_{\mathrm{I}}(\pm l_i) \\ K_{\mathrm{II}}(\pm l_i) \end{matrix} \right\} = -\frac{1}{\sqrt{\pi l_i}} \int_{-l_i}^{l_i} \sqrt{\frac{l_i \pm \xi_i}{l_i \mp \xi_i}} \left\{ \begin{matrix} \sigma_i(\xi_i) \\ \tau_i(\xi_i) \end{matrix} \right\} \mathrm{d}\xi_i \tag{2-5}$$

多裂纹间的相互作用对其尖端的应力强度因子大小的影响有增大、无影响和减小 3 种形式，分别对应裂纹的强化区、零效应区和屏蔽区。以 K_{I}、K_{II} 表示两裂纹共存时的应力强度因子，以 K_{I0}、K_{II0} 表示一条裂纹单独存在时尖端的应力强度因子，$K_{\mathrm{I0}} = p^{\infty}\sqrt{\pi c}\cos^2\gamma$，$K_{\mathrm{II0}} = p^{\infty}\sqrt{\pi c}\cos\gamma\sin\gamma$[74]。通过两种情况的应力强度因子的比值分析两平行偏置裂纹的相互作用，比值大于 1 表示强化区，比值等于 1 表示零效应区，比值小于 1 表示屏蔽区。因其数值计算涉及微积分和复变函数，计算过程较为复杂，通过借助数学软件 Maple 来分析求解。

取 $\gamma=0°$，$c=a$（两裂纹等长），垂直间距比 $v/c=1$，水平间距比 u/c 取不同值时，本书方法算得的应力强度因子比和应力强度因子手册[74]中的结果的误差对比见表 2-1。

表 2-1　应力强度因子比误差分析

u/c	本书		手册		误差	
	$K_I(-c)/$ $K_{I0}(-c)$	$K_I(c)/$ $K_{I0}(c)$	$K_I(-c)/$ $K_{I0}(-c)$	$K_I(c)/$ $K_{I0}(c)$	$K_I(-c)/$ $K_{I0}(-c)$	$K_I(c)/$ $K_{I0}(c)$
−0.5	0.857 7	1.123 7	0.920 0	1.138 0	0.062 3	0.014 3
−0.25	0.996 6	1.128 7	1.050 0	1.140 0	0.053 4	0.011 3
0	1.109 8	1.121 4	1.128 0	1.132 0	0.018 2	0.010 6
0.25	1.166 2	1.106 3	1.180 0	1.112 0	0.013 8	0.005 7
0.5	1.171 5	1.089 1	1.170 0	1.090 0	0.001 5	0.000 9

由表 2-1 可以看出：内外尖端误差均在 0.07 以内，说明本书方法具有合理性；当 $u/c<0$（两裂纹重叠）时，误差相对较大，随着 u/c 的增大（两裂纹逐渐远离），误差越来越小，且外尖端误差始终小于内尖端，这是因为外尖端所受干扰比内尖端小。基于此和对称性两方面考量，本节仅算至两裂纹重叠至裂纹半长（$u/c=-1$）。

2.2.1.1　水平间距的影响

拉剪作用条件下，平行偏置裂纹尖端不仅存在 K_I，而且也存在 K_{II}，但因 K_{II} 较小，K_I 占主导地位，故仅分析 I 型应力强度因子比的变化规律。取 $\gamma=0°$，$v=c$，$a=2c$，两不等长裂纹尖端应力强度因子比随水平间距比 u/a 的变化趋势如图 2-3 所示。

由图 2-3 可知：当 $u/a=-0.5$ 时，两裂纹重叠，裂纹 2 外尖端（−a 端）应力强度因子比大于 1，表明裂纹 2 外尖端受到裂纹 1 的强化作用，随着水平间距增大，裂纹 2 外尖端应力强度因子比逐渐增大，表示裂纹 2 外尖端受裂纹 1 的强化作用逐渐增强，一定程度后应力强度因子比达到最大值，随着水

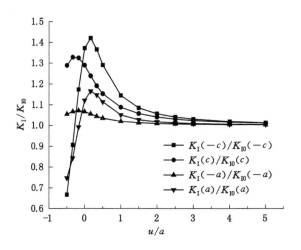

图 2-3　拉剪作用下应力强度因子比与水平间距比的关系

平间距的继续增大,应力强度因子比逐渐减弱并逐渐趋于 1,表明裂纹 2 外尖端受到裂纹 1 的强化作用愈来愈弱,最终进入裂纹 1 的零效应区而不受其影响;当 $u/a=-0.5$ 时,裂纹 2 内尖端(a 端)应力强度因子比小于 1,表明裂纹 2 内尖端受裂纹 1 的屏蔽作用,随着水平间距增大,应力强度因子比逐渐增大至大于 1,表明裂纹 2 内尖端受到的屏蔽作用愈来愈弱并且转化为强化作用,随着水平间距的继续增大,裂纹 2 内尖端应力强度因子比又开始减小并最终趋于 1,表明裂纹 2 内尖端受到裂纹 1 的强化作用逐渐减弱并最终进入裂纹 1 的零效应区而不受其影响;当 $u/a=-0.5$ 时,裂纹 1 内尖端($-c$ 端)应力强度因子比小于 1,表明受裂纹 2 的屏蔽作用,随着水平间距增大,应力强度因子比逐渐增大至大于 1,表明裂纹 1 内尖端受到裂纹 2 的屏蔽作用愈来愈弱并最终转化为强化作用,随着水平间距继续增大,应力强度因子比开始减小并逐渐趋于 1,表明裂纹 1 内尖端受到裂纹 2 的强化作用愈来愈弱并最终进入其零效应区而不受其影响;当 $u/a=-0.5$ 时,裂纹 1 外尖端(c 端)应力强度因子比大于 1,表明受裂纹 2 的强化作用,随着水平间距增大,应力强度因子比逐渐增大,表明裂纹 1 外尖端受裂纹 2 的强化作用愈来愈强,应力强度因子比达到最大值后又随水平间距增大而逐渐减小并最终趋于 1,表明裂纹 1 外尖端受裂纹 2 强化作用愈来愈弱并最终进入其零效应区而不受其影响。

2.2.1.2　垂直间距的影响

取 $\gamma=0°,a=2c,u=-c$,两不等长裂纹尖端应力强度因子比随垂直间距比 v/a 的变化趋势如图 2-4 所示。

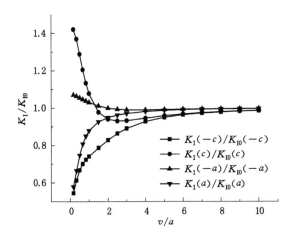

图 2-4　拉剪作用下应力强度因子比与垂直间距比的关系

由图 2-4 可知:当 $v/a\leqslant1$ 时,裂纹 2 外尖端($-a$ 端)应力强度因子比大于 1,表明裂纹 2 外尖端受到裂纹 1 的强化作用,随着垂直间距的增大,应力强度因子比逐渐减小甚至小于 1,表明裂纹 2 外尖端受到裂纹 1 的强化作用愈来愈弱甚至进入其屏蔽区而受其轻微屏蔽作用,随着垂直间距持续增大,裂纹 2 外尖端应力强度因子比又逐渐增加至 1,表明裂纹 2 外尖端受到的裂纹 1 的屏蔽作用减弱并最终进入其零效应区而不受其影响;当 $v/a\leqslant1$ 时,裂纹 2 内尖端(a 端)应力强度因子比小于 1,表明裂纹 2 内尖端受到裂纹 1 的屏蔽作用,随着垂直间距的增大,应力强度因子比逐渐增大并直至趋于 1,表明裂纹 2 内尖端受到裂纹 1 的屏蔽作用愈来愈弱,并最终进入其零效应区而不受其影响;当 $v/a\leqslant1$ 时,裂纹 1 内尖端($-c$ 端)应力强度因子比小于 1,表明裂纹 1 内尖端受到裂纹 2 的屏蔽作用,随着垂直间距的增大,应力强度因子比逐渐增加至 1,表明裂纹 1 内尖端受到裂纹 2 的屏蔽作用愈来愈弱而最终进入裂纹 2 的零效应区而不受其影响;当 $v/a\leqslant1$ 时,裂纹 1 外尖端(c 端)

应力强度因子比大于1,表明裂纹1外尖端受到裂纹2的强化作用,随着垂直间距增大,应力强度因子比逐渐减小,表明这种强化作用愈来愈弱,随着垂直间距继续增大,应力强度因子比减小到比1略小,表明此时强化作用转化为轻微屏蔽作用,随着垂直间距持续增大,应力强度因子比又逐渐增加至1,表明裂纹1外尖端受到裂纹2的屏蔽作用逐渐减弱,最终进入其零效应区而不受其影响。

2.2.1.3 裂纹长度的影响

取 $\gamma=0°$,$v/a=1$,裂纹2内、外尖端的应力强度因子比随裂纹长度比c/a的变化趋势如图2-5所示。

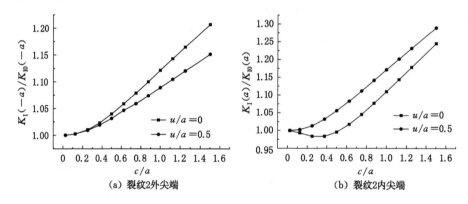

（a）裂纹2外尖端　　　　　（b）裂纹2内尖端

图 2-5　拉剪作用下应力强度因子比与裂纹长度比的关系

由图2-5可知:随着裂纹1长度的增加,裂纹2外尖端($-a$端)所受强化作用越来越大;当水平间距较小($u/a=0$)时,裂纹2内尖端(a端)受到屏蔽作用,且随着裂纹1长度增加该屏蔽作用先增强后减弱,并最终转化为随裂纹1长度增大而增强的强化作用;当水平间距较大($u/a=0.5$)时,裂纹2内尖端受强化作用,且强化作用随裂纹1长度增加而增强,内尖端强化程度始终大于外尖端。以上现象表明距离裂纹尖端距离适当且恒定处,随裂纹长度增大,该处会在屏蔽效应和强化效应之间相互转化,亦即强化区和屏蔽区范围均会随裂纹长度增加而扩大,且裂纹长度越大,其屏蔽和强化效应越强。

2.2.1.4　裂纹倾角的影响

取 $c=a$(两裂纹等长)，$v/c=1$，裂纹 1 内尖端的应力强度因子比随裂纹倾角 γ 的变化趋势如图 2-6 所示。

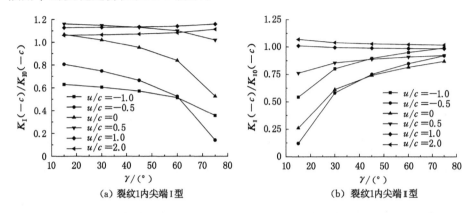

（a）裂纹 1 内尖端 I 型　　　　　（b）裂纹 1 内尖端 I 型

图 2-6　拉剪作用下应力强度因子比与裂纹倾角的关系

由图 2-6 可知：当两裂纹水平间距较小($u/c\leqslant0.5$)时，随倾角 γ 增大，裂纹 1 内尖端($-c$ 端)受 I 型屏蔽作用逐渐增强或强化作用减弱而后转化为逐渐增强的屏蔽作用，受 II 型屏蔽作用逐渐减弱，表明裂纹 2 的 I 型屏蔽区随倾角增大而增大，II 型屏蔽区随倾角增大而减小，表明剪切破坏趋势愈发明显；当两裂纹水平间距较大($u/c>0.5$)时，随倾角 γ 增大，裂纹 1 内尖端受 I 型强化作用逐渐增强，受 II 型强化作用逐渐减弱，表明裂纹 2 的 I 型强化区随倾角增大而增大，II 型强化区随倾角增大而减小，表明张拉破坏趋势愈发明显；I 型应力强度因子比曲线斜率在 60°左右变化最剧烈，II 型应力强度因子比曲线斜率在 30°左右变化最剧烈，表明平行偏置裂纹在这两种倾角情况下相互作用较强。

2.2.2　拉剪作用下的数值分析

为了验证上述理论分析的正确性，借助基于有限元理论和统计损伤理论的岩石破裂过程分析系统 RFPA[2D]，对预置不等长平行偏置双裂纹的煤岩模型进行了单轴受拉状态下的数值模拟分析。RFPA[2D] 能够通过模型参数 m 很好地考虑煤岩介质的非均匀性,m 越大,表明煤岩越均匀,m 越小,表明煤岩越不均匀,本次模拟取 $m=5$。煤岩是一种脆性重材料,其抗拉强度远小于其抗压强度,因此本次模拟采用修正后的莫尔-库仑准则作为模型单元破坏的强度判据。模型尺寸为 220 mm×220 mm,共划分为 220×220 个等面积单元,裂纹预置在模型中部,每步加载 0.01 MPa,具体模型参数见表 2-2。

表 2-2 拉剪数值模型基本参数

弹性模量 /MPa	泊松比	密度 /(kg/m³)	内摩擦角/(°)	压变系数	拉变系数	压拉比	残余强度/%	残余泊松比/%	细观平均值/MPa
47 500	0.25	2 500	30	200	1.5	10	0.1	1.1	85

为了充分验证水平间距(模型 1~7)和垂直间距(模型 8~14)对裂纹相互作用的影响,本次数值模拟共创建了 14 个数值模型,其裂纹几何参数见表 2-3。

表 2-3 拉剪数值模型中裂纹几何参数

模型	$\gamma/(°)$	$2a$/mm	$2c$/mm	v/mm	u/mm
1	45	30	20	10	−25
2	45	30	20	10	−15
3	45	30	20	10	−10
4	45	30	20	10	0
5	45	30	20	10	10
6	45	30	20	10	15
7	45	30	20	10	25
8	45	30	20	5	−10
9	45	30	20	12	−10
10	45	30	20	18	−10
11	45	30	20	24	−10
12	45	30	20	30	−10
13	45	30	20	36	−10
14	45	30	20	40	−10

2.2.2.1　水平间距影响验证

模型 1～7 垂直间距相同,水平间距依次增大,其中模型 1、3 和 7 的数值模拟结果如图 2-7 所示。

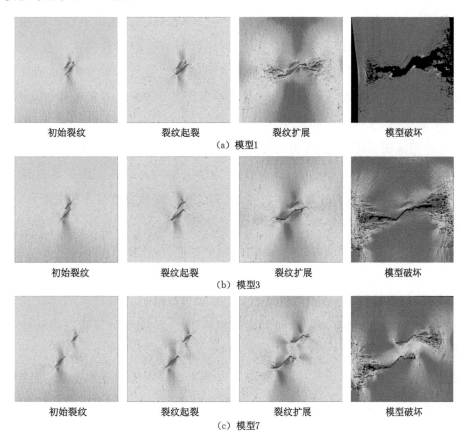

图 2-7　模型 1、3 和 7 裂纹起裂扩展过程

由图 2-7 可知:随着荷载的增加,模型 1 中的主裂纹($2a＝30$ mm)内、外尖端几乎同时萌生翼裂纹,次裂纹($2c＝20$ mm)由于处于主裂纹的屏蔽区内,其内、外两尖端并未起裂;随着荷载持续增加,主裂纹两尖端翼裂纹持续扩展且扩展方向逐渐趋于与加载方向垂直,最终模型因主裂纹的持续扩展而破坏,整个过程次裂纹因受屏蔽作用没有起裂。与模型 1 相比,模型 3 的水平间距增大 15 mm,随着荷载的增加,主裂纹外尖端和次裂纹外尖端首先

萌生翼裂纹,这是由于两尖端分别处于次、主裂纹强化区的缘故;随着荷载继续增加,主裂纹内尖端也萌生翼裂纹,而次裂纹内尖端并未起裂,这是由于次裂纹内尖端处于主裂纹的屏蔽区内而受到屏蔽作用,而主裂纹内尖端尽管也处于次裂纹的屏蔽区内,但其受到的屏蔽作用要比次裂纹内尖端受到主裂纹的屏蔽作用小得多;随着荷载持续增加,次裂纹外尖端停止扩展,而主裂纹内、外尖端翼裂纹持续扩展且扩展方向垂直于加载方向,并最终导致模型破坏。与模型3相比,模型7水平间距增大35 mm,随着荷载增加,主、次裂纹内、外两尖端均萌生翼裂纹,这是由于水平间距较大,主、次裂纹相互作用减弱的缘故,且内尖端要稍先于外尖端起裂,这是因为内尖端受到的强化作用要比外尖端稍大;随着荷载的持续增加,内、外尖端扩展方向均趋于垂直加载方向,而模型最终因主、次裂纹外尖端翼裂纹扩展而破坏。

2.2.2.2 垂直间距影响验证

模型8~14水平间距相同,垂直间距依次增大,其中模型8、9和14的数值模拟结果如图2-8所示。

由图2-8可知:随着荷载的增加,模型8主裂纹外尖端与次裂纹外尖端首先萌生翼裂纹,这是由于这两尖端分别处于次、主裂纹的强化区内而受强化作用的缘故;随着荷载继续增加,处于次裂纹屏蔽区内的主裂纹内尖端也逐渐萌生翼裂纹,而处于主裂纹屏蔽区内的次裂纹内尖端并未起裂,这是因为次裂纹对主裂纹内尖端的屏蔽作用要比主裂纹对次裂纹内尖端的屏蔽作用小;随着荷载进一步增加,主裂纹内尖端扩展一段距离后停止,次裂纹内尖端始终未起裂,主裂纹外尖端和次裂纹外尖端裂纹持续扩展,最终导致模型破坏。与模型8相比,模型9的垂直间距增加了7 mm,随着荷载的增加,处于强化区的主裂纹外尖端与次裂纹外尖端首先萌生翼裂纹;荷载继续增加,处于屏蔽区的主裂纹内尖端也开始萌生翼裂纹并持续扩展,而次裂纹外尖端扩展一段距离后停止,这是因为垂直间距的增大导致次裂纹对主裂纹内尖端的屏蔽作用减弱,主裂纹对次裂纹外尖端的强化作用亦减弱,次裂纹内尖端始终未起裂,模型最终因主裂纹内、外尖端裂纹的持续扩展而破坏。与模型9相比,模型14垂直间距增大28 mm,随着荷载增加,主、次裂纹两尖

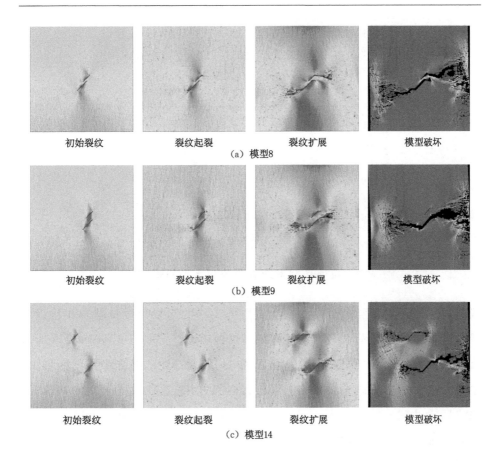

初始裂纹	裂纹起裂	裂纹扩展	模型破坏

(a) 模型8

初始裂纹	裂纹起裂	裂纹扩展	模型破坏

(b) 模型9

初始裂纹	裂纹起裂	裂纹扩展	模型破坏

(c) 模型14

图 2-8　模型 8、9 和 14 裂纹起裂扩展过程

端几乎同时萌生翼裂纹；且随着荷载继续增加，主、次裂纹两尖端萌生的翼裂纹均独自扩展，最终导致模型破坏，这是因为垂直间距大幅增加，导致两裂纹相互作用大幅减弱，几乎不受彼此影响。三个模型翼裂纹的总体扩展趋势均垂直于加载方向。

2.2.2.3　起裂荷载分析

数值模拟得到主裂纹单独存在时裂纹尖端的起裂荷载为 1.8 MPa，模型 1～7 主裂纹内、外尖端起裂荷载随水平间距变化趋势如图 2-9 所示。

由图 2-9 可知：随着水平间距的增大，主裂纹外尖端受到次裂纹的屏蔽作用愈来愈弱，且减弱的速率逐渐变慢，这是因为距离裂纹尖端越远，应力

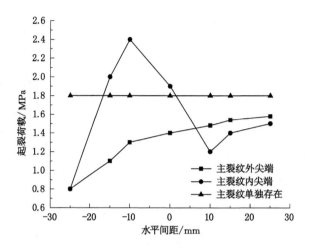

图 2-9　拉剪作用下起裂荷载与水平间距的关系

场越弱；当水平间距继续增大时，主裂纹外尖端的起裂荷载将越来越接近其单独存在时的起裂荷载，最终进入次裂纹的零效应区。主裂纹内尖端的起裂荷载刚开始因其处于次裂纹强化区而小于 1.8 MPa，随着水平间距增大，主裂纹内尖端逐渐进入次裂纹的屏蔽区，导致其起裂荷载大于 1.8 MPa；当水平间距达到－10 mm，即主裂纹内尖端处于次裂纹的中垂线上时，起裂荷载达到最大，屏蔽作用最强；随着水平间距进一步增大，次裂纹对主裂纹内尖端的屏蔽作用逐渐减弱，起裂荷载逐渐减小，并最终小于 1.8 MPa，表示主裂纹内尖端进入次裂纹的强化区；当水平间距继续增大时，起裂荷载转而开始增加，表示主裂纹内尖端受到的强化作用逐渐减弱，直至进入次裂纹的零效应区而不受其影响。

　　模型 8～14 主裂纹内外尖端起裂荷载随垂直间距变化趋势如图 2-10 所示。

　　由图 2-10 可知：随着垂直间距的增加，主裂纹外尖端的起裂荷载逐渐增大，并最终趋于 1.8 MPa，表示主裂纹外尖端受到次裂纹的强化作用愈来愈弱，最终进入其零效应区；主裂纹内尖端的起裂荷载逐渐减小，并最终趋于 1.8 MPa，表示主裂纹内尖端受到次裂纹的屏蔽作用愈来愈弱，最终进入其零效应区；主裂纹内、外尖端起裂荷载的变化速率随垂直间距的增大而逐渐

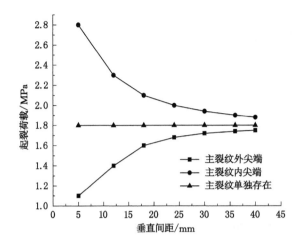

图 2-10　拉剪作用下起裂荷载与垂直间距的关系

变缓,这是因为距离尖端距离越远,应力场越弱。

2.3　压剪平行偏置裂纹相互作用

2.3.1　压剪作用下的理论分析

与拉剪不同,压剪状态下煤岩平行偏置裂纹受法向压力,甚至被压闭合,仅存在Ⅱ型破坏,故本节只讨论 K_{II} 的变化规律。基于"经典 Kachanov 法",理论分析了图 2-11 所示压剪作用条件下平行偏置裂纹间的相互影响。

考虑如图 2-11(a)所示压剪平行偏置裂纹模型。裂纹 1、2 的实际面力分别为 τ_{xy}^1、σ_y^1、τ_{xy}^2、σ_y^2,取 $0° < \gamma < 90°$,假设裂纹在压剪应力作用下闭合并滑动,且面力满足莫尔-库仑定律:

$$\tau_{xy}^i = -\tau_c + \mu\sigma_y^i \quad (i=1,2) \tag{2-6}$$

式中　τ_c——黏阻力;

μ——裂纹面摩擦系数。

该问题等效于图 2-11(b)所示的裂纹面上受均匀压缩而远场应力消失的情况,裂纹 i 的裂纹面上分别受到切向面力 $\tau_{xy}^i - \tau_{xy}^{\infty i}$ 和法向面力 $\sigma_y^i - \sigma_y^{\infty i}$ 作

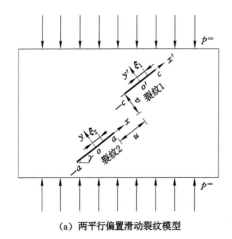

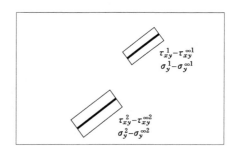

（a）两平行偏置滑动裂纹模型   （b）裂纹面力等效

图 2-11　无限平板中两压剪平行偏置裂纹

用，$\tau_{xy}^{\infty i}$、$\sigma_y^{\infty i}$ 为远场作用力在裂纹面处的分量：

$$\left.\begin{aligned}\tau_{xy}^{\infty i} &= \frac{p^{\infty}}{2}\sin(2\gamma)\\ \sigma_y^{\infty i} &= \frac{p^{\infty}}{2}\big[1+\cos(2\gamma)\big]\end{aligned}\right\} \quad (i=1,2) \tag{2-7}$$

该问题可进一步分解为两个子问题，每个子问题仅含一个受到伪切向应力 τ_{xy}^{*i} 和伪法向应力 σ_y^{*i} 的裂纹，伪面力可表示为：

$$\left.\begin{aligned}\tau_{xy}^{*i} &= (\tau_{xy}^i - \tau_{xy}^{\infty i})- \Delta\tau_{xy}^i\\ \sigma_y^{*i} &= (\sigma_y^i - \sigma_y^{\infty i})- \Delta\sigma_y^i\end{aligned}\right\} \quad (i=1,2) \tag{2-8}$$

式中，$\Delta\tau_{xy}^i$、$\Delta\sigma_y^i$ 为相互影响项，如 $\Delta\tau_{xy}^1$ 为受伪面力 τ_{xy}^{*2} 和 σ_y^{*2} 作用的裂纹 2 在裂纹 1 上引起的附加应力。对于滑动闭合裂纹，有 $\sigma_y^{*i} \equiv 0$，则由式(2-6)、式(2-8)得：

$$\tau_{xy}^{*i} = -\tau_c + \mu\sigma_y^{\infty i}-\tau_{xy}^{\infty i}+\mu\Delta\sigma_y^i-\Delta\tau_{xy}^i \quad (i=1,2) \tag{2-9}$$

相互影响项 $\Delta\tau_{xy}^i$、$\Delta\sigma_y^i$ 可通过 Kachanov 法求得如下：

$$\left.\begin{aligned}\Delta\tau_{xy}^i &= \langle -\sigma_y^{*j}\rangle f_{ij}^{tn} + \langle -\tau_{xy}^{*j}\rangle f_{ij}^{tt}\\ \Delta\sigma_y^i &= \langle -\sigma_y^{*j}\rangle f_{ij}^{nn} + \langle -\tau_{xy}^{*j}\rangle f_{ij}^{nt}\end{aligned}\right\} \quad (i=1,2;\ j=1,2\ \text{且}\ i\neq j)$$

$$\tag{2-10}$$

式中，$\langle -\sigma_y^{*j} \rangle$ 和 $\langle -\tau_{xy}^{*j} \rangle$ 分别为 j 裂纹伪法向应力和伪切向应力平均值，将式(2-10)代入式(2-9)得：

$$\left.\begin{array}{l} \tau_{xy}^{*1} = -\tau_c + \mu\sigma_y^{\infty 1} - \tau_{xy}^{\infty 1} - \mu\langle \tau_{xy}^{*2} \rangle f_{12}^{\mathrm{nt}} + \langle \tau_{xy}^{*2} \rangle f_{12}^{\mathrm{tt}} \\ \tau_{xy}^{*2} = -\tau_c + \mu\sigma_y^{\infty 2} - \tau_{xy}^{\infty 2} - \mu\langle \tau_{xy}^{*1} \rangle f_{21}^{\mathrm{nt}} + \langle \tau_{xy}^{*1} \rangle f_{21}^{\mathrm{tt}} \end{array}\right\} \tag{2-11}$$

对式(2-11)左右两边取平均得：

$$\left.\begin{array}{l} \langle \tau_{xy}^{*1} \rangle = -\tau_c + \mu\sigma_y^{\infty 1} - \tau_{xy}^{\infty 1} - \mu\langle \tau_{xy}^{*2} \rangle \Lambda_{12}^{\mathrm{nt}} + \langle \tau_{xy}^{*2} \rangle \Lambda_{12}^{\mathrm{tt}} \\ \langle \tau_{xy}^{*2} \rangle = -\tau_c + \mu\sigma_y^{\infty 2} - \tau_{xy}^{\infty 2} - \mu\langle \tau_{xy}^{*1} \rangle \Lambda_{21}^{\mathrm{nt}} + \langle \tau_{xy}^{*1} \rangle \Lambda_{21}^{\mathrm{tt}} \end{array}\right\} \tag{2-12}$$

由式(2-12)求出 $\langle \tau_{xy}^{*1} \rangle$、$\langle \tau_{xy}^{*2} \rangle$ 并代入式(2-11)，求出伪面力 τ_{xy}^{*1}、τ_{xy}^{*2}，最后根据式(2-13)求出 II 型应力强度因子（l_i 为裂纹 i 半长）：

$$K_{\mathrm{II}}(\pm l_i) = \frac{1}{\sqrt{\pi l_i}} \int_{-l_i}^{l_i} \sqrt{\frac{l_i \pm \xi_i}{l_i \mp \xi_i}} (-\tau_{xy}^{*i}) \, \mathrm{d}\xi_i \tag{2-13}$$

2.3.1.1　水平间距的影响

取 $c=a$（两裂纹等长），$v/c=0.4$，$\gamma=45°$，$\tau_c=0$，$\mu=0.3$，此时裂纹 1 尖端 II 型应力强度因子与仅含一条裂纹时的应力强度因子比值随裂纹水平间距比 u/c 变化如图 2-12 所示。

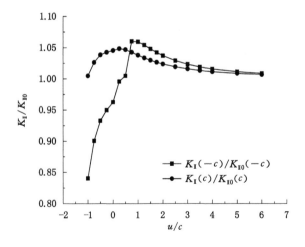

图 2-12　压剪作用下应力强度因子比与水平间距比的关系

由图 2-12 可知，当水平间距小于 0 时，两裂纹重叠，裂纹 1 内尖端（$-c$ 端）受 II 型屏蔽作用，外尖端（c 端）受 II 型强化作用；随水平间距增大，内尖端所受屏蔽作用减弱且逐渐转化为强化作用,外尖端所受强化作用逐渐增强;随水平间距进一步增大,内、外尖端所受强化作用均逐渐减弱并最终转化为零效应,彼此无影响。

2.3.1.2　垂直间距的影响

取 $c=a$(两裂纹等长),$u/c=-1$,$\gamma=45°$,$\tau_c=0$,$\mu=0.3$,此时裂纹 1 尖端 Ⅱ 型应力强度因子与仅含一条裂纹时的应力强度因子比值随垂直间距比 v/c 变化如图 2-13 所示。

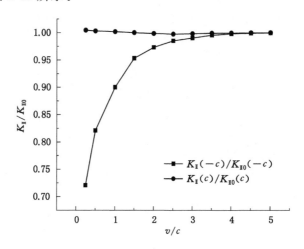

图 2-13　压剪作用下应力强度因子比与垂直间距比的关系

由图 2-13 可知:随着垂直间距增大,裂纹 1 内尖端($-c$ 端)所受 Ⅱ 型屏蔽作用和外尖端(c 端)所受 Ⅱ 型强化作用均逐渐减弱并最终进入零效应区。

图 2-12 中应力强度因子比变化曲线随水平间距增大而变缓,图 2-13 中应力强度因子比变化曲线随垂直间距增大而变缓,表明水平间距和垂直间距越小,距离裂纹尖端越近,裂纹 Ⅱ 型相互作用越剧烈。

2.3.2　单轴压缩试验

首先按照一定配合比制作了一定量的类煤岩试件,并在试件中预制了不同分布的平行偏置裂纹,然后对加工好的试件进行单轴压缩试验,并对裂纹扩展过程进行图像和数据采集,以验证理论分析的正确性。

2.3.2.1　试验介绍

　　试件由水泥、砂和水混合制作而成,其质量配合比为水泥∶砂∶水＝1∶2.35∶0.5,人工初步搅拌后,在水泥胶砂搅拌机里进一步搅匀,如图 2-14 所示。

图 2-14　水泥胶砂搅拌机

　　充分搅拌后,将几何尺寸为 110 mm×110 mm×30 mm 的试验模具(图 2-15)放在振动台上(图 2-16),然后开始浇筑模具并启动振动台振捣,直至振捣均匀。

图 2-15　浇筑模具

　　振捣均匀后,将擦拭了硅油隔离剂的 0.5 mm 厚的薄不锈钢片插入试件,预制平行偏置裂纹(图 2-17),然后将试件放在恒温恒湿养护室(图 2-18)

图 2-16　HCZT-1 磁控振动台

内养护,12 h 后抽出不锈钢片,继续养护 12 h 进行脱模操作,检查裂纹贯穿性和试件平整度,打磨精修后在养护室继续养护 28 d,试件制作完毕。

图 2-17　预制裂纹试件

为了研究压剪作用条件下平行偏置裂纹水平间距、垂直间距、裂纹长度等的影响,本次试验共制备 9 种裂纹分布形式的试件,具体几何参数见表 2-4。

图 2-18　HWB-6 型养护设备

表 2-4　试件中平行偏置裂纹几何参数

试件	$\gamma/(°)$	$2a/mm$	$2c/mm$	v/mm	u/mm
1	45	24	12	6	−12
2	45	24	12	6	−6
3	45	24	12	6	0
4	45	24	12	6	6
5	45	24	12	6	12
6	45	24	12	9	−12
7	45	24	12	12	−12
8	45	24	12	18	−12
9	45	24	12	24	−12

　　将制作完毕的试件在 3 000 kN 超高刚性伺服试验机(图 2-19)上进行单轴压缩试验,整个加载过程采用位移控制,加载速率为 0.2 mm/min,加载过程中采用分辨率为 896×896、拍摄速度为 50 fps 的 FASRCAM SA1.1 高速摄影机(图 2-20)对试件中的平行偏置裂纹扩展情况进行图像信息采集,并通过试验机操作平台记录裂纹起裂荷载。

　　为方便对比,试验首先测得不含预制裂纹的完整标准试件的力学参数,

 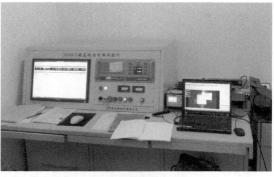

（a）压缩平台　　　　　　　　　　（b）操作平台

图 2-19　3 000 kN 超高刚性伺服试验机

图 2-20　FASRCAM SA1.1 高速摄影机

见表 2-5。

表 2-5　标准试件力学参数

密度/(kg/m³)	弹性模量/GPa	单轴抗压强度/MPa	单轴抗拉强度/MPa	泊松比
2 350	15.2	55	2.5	0.15

2.3.2.2　水平间距影响验证

　　试件 1~5 的主、次裂纹垂直间距相同,水平间距依次增大,通过对比主、次裂纹起裂扩展规律来分析水平间距对主、次裂纹相互作用的影响,试件 1、5 的试验结果如图 2-21 所示。

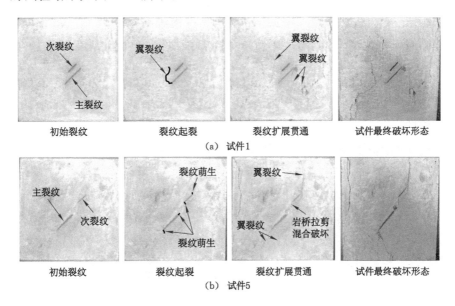

（a）试件1

（b）试件5

图 2-21　试件 1、5 裂纹扩展过程

由图 2-21 可知:试件 1 在持续加载过程中,主裂纹外、内尖端先后萌生出翼裂纹且均先沿最大主应力方向扩展,然后扩展趋于加载方向并最终导致试件破坏,在整个加载过程中,次裂纹内、外尖端均未起裂;而试件 5 在加载过程中,次、主裂纹内尖端先后萌生裂纹,随着加载持续,次、主裂纹外尖端也先后萌生裂纹并扩展,最终主裂纹内尖端的次生剪切裂纹与次裂纹内尖端萌生的翼裂纹搭接,造成岩桥贯通,主、次裂纹外尖端翼裂纹在应力作用下持续扩展并最终导致试件破坏。

对比试件 1～5 试验现象可知:垂直间距适当,水平间距较小（≤0）时,两裂纹重叠,此时主裂纹对次裂纹尤其是其内尖端的屏蔽效应较为显著,导致次裂纹在整个加载过程中不起裂或起裂延后,而次裂纹对主裂纹外尖端有较强的强化作用,对其内尖端有较弱的屏蔽作用,导致在加载过程中主裂纹外尖端先于内尖端起裂;随着水平间距的增大,主裂纹对次裂纹的屏蔽作用减弱,并逐渐转化为强化作用,导致次裂纹逐渐起裂,次裂纹对主裂纹外尖端的强化作用逐渐减弱,对其内尖端的屏蔽作用先增强后减弱,然后转化为强化作用,导致主裂纹外尖端起裂相对延后,内尖端起裂先延后后提前;随着水平间距持续增大,两种作用均转化为零效应,裂纹彼此无影响。这与理论分析结果一致。

2.3.2.3　垂直间距影响验证

试件 1、6~9 的水平间距相同而垂直间距依次增大,通过对比主、次裂纹起裂扩展规律来分析垂直间距对主、次裂纹相互作用的影响,以试件 7、9 为例,其试验结果如图 2-22 所示。

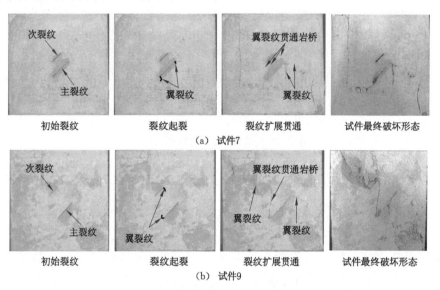

图 2-22　试件 7、9 裂纹扩展过程

由图 2-22 可知:试件 7 在加载过程中,主裂纹两尖端首先萌生出翼裂纹,随着加载的持续进行,次裂纹两尖端也开始萌生出翼裂纹,并与主裂纹萌生的翼裂纹搭接导致岩桥贯通,但最终因主裂纹两尖端萌生的翼裂纹持续扩展而导致试件破坏;试件 9 在加载过程中,主、次裂纹外尖端首先萌生翼裂纹,并随荷载增加导致岩桥贯通破坏,随着加载持续进行,主裂纹内尖端和次裂纹内尖端也萌生翼裂纹并持续扩展,最终导致试件破坏。

对比试件 1、6~9 试验现象可知:当裂纹间垂直间距较小时,主裂纹对次裂纹的屏蔽作用和次裂纹对主裂纹的强化作用均较明显,彼此相互作用强烈,导致次裂纹不起裂或起裂延后,主裂纹起裂致使试件破坏;随着垂直间距逐渐增大,主裂纹对次裂纹的屏蔽作用减弱,次裂纹开始起裂,次裂纹对主裂纹的强化作用也减弱,主裂纹起裂相对延后,表明彼此相互作用减弱;垂直间距进一步增大,主、次裂纹进入各自零效应区,彼此无影响。这与理论分析结果一致。

2.3.2.4　裂纹长度的影响

以试件 1 和 5 为例,试件 1 中次裂纹外尖端处于主裂纹屏蔽区,主裂纹内尖端处于次裂纹屏蔽区,在整个加载过程中,次裂纹外尖端始终未起裂,但主裂纹内尖端随着荷载的加大而开始起裂并扩展;试件 5 中主、次裂纹内尖端均处于彼此的强化区,但在加载过程中,次裂纹内尖端要先于主裂纹内尖端起裂。这两种现象表明裂纹越长,距其尖端距离相对恒定处所受的屏蔽或强化作用越强。

2.3.2.5　起裂荷载分析

为了进一步验证理论分析的正确性,试验对裂纹起裂荷载进行了监测分析,测得主裂纹单独存在时其尖端起裂荷载为 30 MPa,故起裂荷载小于 30 MPa 表示强化作用,大于 30 MPa 表示屏蔽作用。

试件 1~5 主裂纹内、外尖端起裂荷载随水平间距变化趋势如图 2-23 所示。由该图可知:随着水平间距的增大,主裂纹外尖端起裂荷载逐渐增加至 30 MPa,这说明主裂纹外尖端所受次裂纹强化作用愈来愈弱并最终趋于零效应。主裂纹内尖端的起裂荷载先逐渐增加,说明所受屏蔽作用愈来愈强,当重叠至次裂纹长度一半时($u = -6$ mm),内尖端起裂荷载达到最大,屏蔽作用最强;随着水平间距继续增大,重叠部分愈来愈短,起裂荷载也愈来愈小,说明主裂纹内尖端受屏蔽作用愈来愈小;当水平间距变为 0 mm 时,主、次裂纹开始分开,主裂纹内尖端起裂荷载迅速下降,说明内尖端开始受强化作用;随着水平间距持续增大,内尖端起裂荷载变大,说明强化作用逐渐减弱并最终趋于零效应。起裂荷载变化曲线随水平间距的增大而趋于平缓,说明水平间距越小,距裂纹尖端越近,屏蔽和强化作用变化越剧烈。

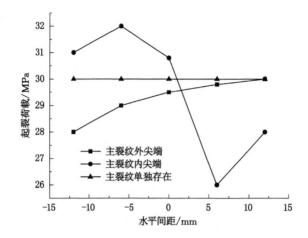

图 2-23　压剪作用下起裂荷载与水平间距的关系

试件 1、6～9 主裂纹内、外尖端起裂荷载随垂直间距变化趋势如图 2-24
所示。由该图可知:随着垂直间距的增大,主裂纹外尖端的起裂荷载逐渐增
大至 30 MPa,说明外尖端所受次裂纹强化作用愈来愈弱,最终趋于零效应,
内尖端起裂荷载逐渐变小,说明内尖端所受次裂纹屏蔽作用愈来愈弱,并最
终趋于零效应;起裂荷载变化曲线随垂直间距的增大而趋于平缓,说明垂直
间距越小,距离裂纹尖端越近,屏蔽和强化作用变化越剧烈。

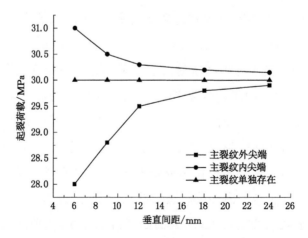

图 2-24　压剪作用下起裂荷载与垂直间距的关系

2.4　本章小结

本章首先基于"经典 Kachanov 法"推导了拉、压剪作用条件下煤岩平行偏置裂纹尖端的应力强度因子表达式,根据应力强度因子比值分析了拉、压剪作用条件下平行偏置裂纹水平间距、垂直间距、裂纹长度和倾角对其相互作用规律的影响,并利用数值模拟和单轴压缩试验分析验证,主要结论如下:

(1)平行偏置裂纹间的相互作用包括屏蔽效应、强化效应和零效应 3 种作用形式。当水平间距较大时,两裂纹相互之间基本无影响,随着水平间距的减小,两裂纹相互作用先呈强化效应后呈屏蔽效应;两裂纹重叠时,内、外尖端所受屏蔽和强化效应均随垂直间距的增大而减弱,两裂纹不重叠时,内、外尖端均受强化效应且随垂直间距增大,先少许增强而后逐渐减弱;裂纹的屏蔽区和强化区均随裂纹长度的增加而增大,在距裂纹尖端位置固定处,随裂纹长度的不同,该处可在屏蔽区、强化区和零效应区之间相互转化。

(2)单轴拉伸状态下,两平行偏置裂纹重叠时,随着裂纹倾角的增大,内尖端所受Ⅰ型屏蔽作用增强,所受Ⅱ型屏蔽作用减弱且趋势明显;两裂纹不重叠时,随着裂纹倾角的增大,内尖端所受Ⅰ型强化作用增强,所受Ⅱ型强化作用减弱且趋势不明显;平行偏置裂纹相互作用在 60° 和 30° 两种倾角情况下表现得最剧烈。

第3章 卸荷作用下煤岩单裂纹起裂扩展规律

3.1 引言

厚煤层综放开采过程中,破碎顶煤和矸石散体的放出会对工作面前方和上方未破碎顶煤、顶板产生卸荷作用,导致顶煤与顶板内的原生裂纹在卸荷作用下起裂扩展。因此,研究卸荷作用下煤岩单裂纹的起裂扩展规律对厚煤层综放开采过程中控制煤岩破碎块度具有现实意义。本章首先借助RFPA^{2D}模拟研究卸荷作用下煤岩单裂纹的起裂扩展特征,然后结合二维滑动裂纹模型分析其受力机制。

3.2 卸荷数值模型

数值模型尺寸大小为 250 mm×200 mm,共划分 250×200 个等面积单元,裂纹布置在模型中部,其倾角为 γ,采用平面应力模型分析围压 σ_3 卸载条件下单裂纹的扩展模式,具体加载方式如图 3-1 所示。

卸荷数值模型基本力学参数见表 3-1。

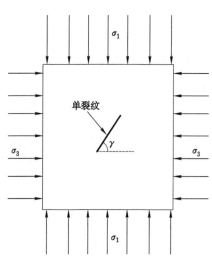

图 3-1 卸荷数值模型示意图

表 3-1　卸荷数值模型基本力学参数

弹性模量/MPa	泊松比	密度/(kg/m³)	内摩擦角/(°)	压变系数	拉变系数	压拉比	残余强度/%	残余泊松比/%	细观平均值/MPa
47 500	0.25	2 500	30	200	1.5	10	0.1	1.1	85

研究采用三种模拟方案:

(1)围压 20 MPa,轴压 25 MPa,每步卸载 0.4 MPa,裂纹长度 40 mm,取不同裂纹角度:15°、30°、45°、60°、75°。

(2)围压 20 MPa,轴压 25 MPa,每步卸载 0.4 MPa,裂纹角度 45°,取不同裂纹长度:20 mm、30 mm、40 mm、50 mm、60 mm。

(3)围压 20 MPa,轴压 25 MPa,裂纹长度 40 mm,裂纹角度 45°,取不同卸载速率,分别为每步卸载 0.2 MPa、0.3 MPa、0.4 MPa、0.5 MPa、0.6 MPa。

3.3　RFPA²ᴰ模拟结果分析

3.3.1　单裂纹倾角的影响

倾角 γ 为 15°、45°和 75°时不同加载步的单裂纹起裂扩展如图 3-2 所示。

由图 3-2 可知,当裂纹倾角较小(15°)时,在卸载围压过程中,起裂位置并不在裂纹两尖端,而是在两尖端之间的裂纹上;随着倾角的增大,起裂位置逐渐向应力较为集中的尖端靠近,翼裂纹从起裂部位先沿着与裂纹成 70°角左右扩展较小一段距离,然后沿轴向扩展到一定程度后,裂纹尖端附近开始产生一些微裂纹,随着卸载的持续,翼裂纹扩展减缓甚至停止,裂纹尖端迅速产生大量张拉型裂纹,模型被压坏,且裂纹基本被压密实闭合,模型破坏轨迹较为模糊;当裂纹倾角较大(75°)时,翼裂纹首先从裂纹两尖端产生,然后沿围压卸载反方向扩展很小的一段距离,继而趋向轴压方向扩展较长距离后停止,开始在翼裂纹尖端产生分支裂纹和散乱微裂纹,模型被压坏,且裂纹没有被压密而是发生了剪切错动或张拉破坏,模型破坏轨迹较为清

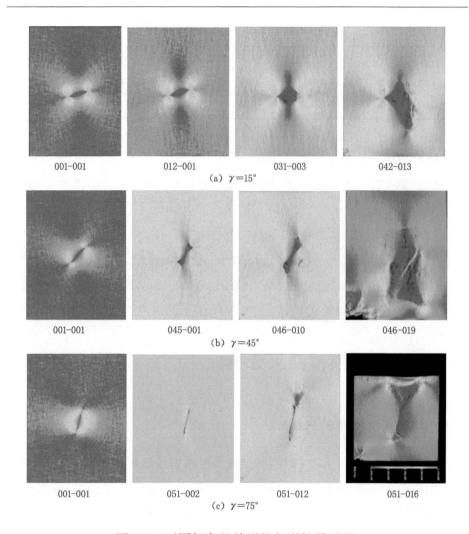

001-001　　　012-001　　　031-003　　　042-013

(a) γ=15°

001-001　　　045-001　　　046-010　　　046-019

(b) γ=45°

001-001　　　051-002　　　051-012　　　051-016

(c) γ=75°

图 3-2　不同倾角的单裂纹起裂扩展过程

晰；裂纹倾角越小，越容易在紧邻卸荷面区域形成脱落性破坏，随着裂纹倾角的增大，破坏向远离卸荷面的位置转移。

3.3.2　单裂纹长度的影响

裂纹长度为 20 mm、40 mm 和 60 mm 时不同加载步的单裂纹起裂扩展如图 3-3 所示。

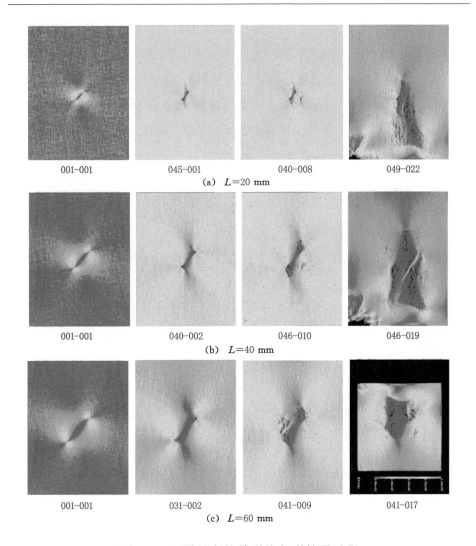

001-001　　　　045-001　　　　040-008　　　　049-022
(a)　$L=20$ mm

001-001　　　　040-002　　　　046-010　　　　046-019
(b)　$L=40$ mm

001-001　　　　031-002　　　　041-009　　　　041-017
(c)　$L=60$ mm

图 3-3　不同长度的单裂纹起裂扩展过程

　　由图 3-3 可知,通过对比 20 mm 和 40 mm 的裂纹扩展模式,可知两者并无明显区别,均是从单裂纹尖端起裂,其后续扩展和破坏也极为相似;但通过对比 40 mm 和 60 mm 的单裂纹扩展模式,发现 60 mm 时,起裂位置位于两尖端之间,其后续扩展和破坏与方案一中的 15°倾角较类似。可知在卸载围压条件下,当单裂纹倾角一定时,单裂纹长度对其扩展模式起着主要作用:单裂纹较短时,起裂是从单裂纹尖端开始的,随着单裂纹长度的增加,起裂位置将会向两尖端之间的单裂纹转移,继而影响单裂纹后续的扩展和模型的破坏模式。

图 3-2 和图 3-3 中最终破坏图之所以左下角受损严重,是因为裂纹长度为 20 mm 至 60 mm 不等,且裂纹倾角也是变化的,而数值模型尺寸为 250 mm×200 mm,其尺寸相对于单裂纹并不能等价于无限大平板,这种现象可能是由于边界效应所致,其深层原因还需进一步研究。

3.3.3 单裂纹起裂荷载分析

单裂纹起裂时对应围压记为 σ'_3,应力差 $\sigma_1 - \sigma'_3$ 与模型细观平均值 σ_c 之比定义为卸荷条件下单裂纹的起裂强度,三种模拟方案单裂纹起裂强度的变化规律如图 3-4 所示。

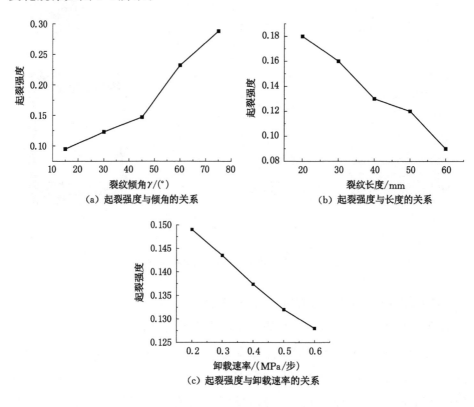

图 3-4　各卸荷条件下的单裂纹起裂强度

由图 3-4 可知:单裂纹的起裂强度随其倾角的增加而增大,随其长度的增大而减小,随围压卸载速率的增加而减小,即裂纹倾角越小、长度越长,围压卸载越快,裂纹起裂扩展越容易。

3.3.4　受力机制分析

采用二维滑动裂纹模型分析围压卸荷条件下的受力机制,分析模型如图 3-5 所示。

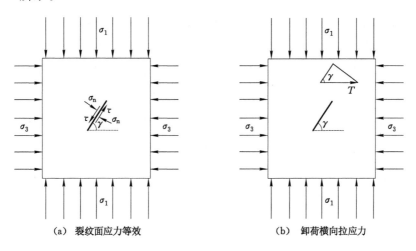

（a）裂纹面应力等效　　　　　（b）卸荷横向拉应力

图 3-5　受力机制分析模型

由图 3-5(a)可知:在应力 σ_1、σ_3 的作用下,作用在裂纹面上的正应力 σ_n 和剪应力 τ 分别为:

$$\sigma_n = \frac{1}{2}\left[(\sigma_1 + \sigma_3) + (\sigma_1 - \sigma_3)\cos(2\gamma)\right] \tag{3-1}$$

$$\tau = \frac{1}{2}(\sigma_1 - \sigma_3)\sin(2\gamma) \tag{3-2}$$

由于卸荷导致 σ_3 的减小,而轴压 σ_1 不变,由式(3-2)可知裂纹面上的剪应力 τ 增大。对式(3-1)变形如下:

$$\sigma_n = \frac{\sigma_1}{2}\left[1 + \cos(2\gamma)\right] + \frac{\sigma_3}{2}\left[1 - \cos(2\gamma)\right] \tag{3-3}$$

由式(3-3)可知:当裂纹倾角 γ 一定时,随着围压 σ_3 的不断卸载,裂纹面

的法向应力 σ_n 不断减小,而且由式(3-1)可知,σ_3 一定时,随着裂纹倾角 γ 的增大,裂纹面的法向应力 σ_n 也减小。在卸载过程中,由于岩石的非均匀性,在横向上会产生差异回弹变形,进而产生横向拉应力 T,如图 3-5(b) 所示。拉应力 T 在裂纹面的法向和切向的分量分别为 $T\sin\gamma$ 和 $T\cos\gamma$,且随着卸载速率的增大,拉应力 T 也会随之变大。

综上可知:

(1) 当裂纹倾角较小时,正应力 σ_n 较大,导致裂纹抗剪力 τ_s 亦较大,卸荷初始阶段,剪应力和差异回弹变形引起的拉应力 T 均很小,二者不足以使裂纹沿着尖端扩展,而较大的正应力 σ_n 将裂纹不断压密,裂纹两侧岩石相互挤压,导致岩石试样破坏而在裂纹中部产生沿轴向的拉裂纹;随着卸荷的持续,正应力逐渐减小,而剪应力和拉应力 T 逐渐变大,导致轴向的拉裂纹扩展减慢甚至停止,而开始在裂纹尖端附近产生微裂纹,导致模型抗压强度迅速减小,最终在较大的轴向力作用下压坏。

(2) 随着裂纹倾角的增大,正应力 σ_n 随之减小,在卸载初始阶段,裂纹压密现象不明显,也较难在裂纹中部产生拉裂纹,正应力 σ_n 减小导致抗剪力 τ_s 变小,而随着卸荷的持续,正应力 σ_n 进一步减小,而剪应力和拉应力逐渐变大,最终导致裂纹在其尖端处起裂扩展,继续卸载,因为轴压较大且始终不变,随着裂纹扩展,模型抗压强度迅速变小,最终模型被压坏。

(3) 结合上述(2)及起裂强度的定义可知,随着裂纹倾角增大,裂纹起裂时围压 σ_3 就减小,亦即裂纹起裂越来越困难,这一点与数值模拟结果图 3-4(a)相吻合。

(4) 在其他条件都相同而卸载速率不同时,卸载速率越快,其引起的差异回弹变形越大,裂纹起裂也就越容易,这一点与数值模拟结果图 3-4(c)相吻合。

3.4 本章小结

本章借助 RFPA[2D] 软件模拟分析了卸荷作用条件下煤岩单裂纹的倾角、长度以及卸载速率对其扩展演化的影响,分析了其受力机制,主要结论如下：卸荷作用下煤岩单裂纹扩展是由卸载差异回弹变形引起的拉应力和裂纹面剪应力增大而抗剪力减小的综合作用引起的。裂纹倾角较小时，起裂位置位于裂纹上，并随倾角的增大，而逐渐向裂纹尖端靠近，当倾角达到某一值后，起裂位置将稳定在裂纹尖端；裂纹长度较小时，即使其倾角较小，也可能在裂纹尖端起裂，裂纹长度较大时，即使其倾角较大，也有可能在裂纹中部起裂；卸荷过程中，煤岩试样并不能像单轴压缩那样沿着发育裂纹完整破坏，而是裂纹起裂扩展有限的一段长度后，减缓甚至停止扩展，在裂纹尖端和其他部位发育出很多微裂纹，导致抗压强度迅速减小，最终在较大的轴向压力的作用下压碎，同时裂纹出现压密闭合现象。综上，裂纹的倾角越小，长度越长，卸载速率越快，其起裂越容易。

第4章 综放开采顶煤放出规律理论研究

4.1 引言

本章基于随机介质理论,首先推导了移动边界、煤矸分界线以及放出体等相关方程。然后根据所推方程确定了移动边界,分析了煤矸分界线和放出体的动态演化特征。最后建立了顶煤回收率与含矸率的理论计算模型,据此模型分析了不同采放比条件下开始见矸时的放出体高度以及对应顶煤回收率,研究了顶煤回收率与含矸率的相互关系,给出了厚煤层综放开采的放煤终止原则,并结合实际工况对该理论模型进行了验证。

4.2 随机介质理论简介

波兰学者 J. Litwiniszyn[75] 于 20 世纪 50 年代首次提出随机介质理论,该理论将散体视为连续流动的介质,运用概率统计的方法分析散体的运移特征,最初用于描述干砂的流动和预测颗粒流放出体形状,后该理论经国内外学者不断发展完善[76-78],在金属矿开采中的应用日趋频繁,理论体系也日趋成熟[79-89],但在厚煤层综放开采中还鲜有涉及。

依据文献[80],将崩落矿岩简化为仅在重力作用下连续流动的随机介质,并建立直角坐标系,利用网格划分矿岩散体堆,散体的移动过程见图 4-1(b)。将方格间的矿岩散体填补视为随机过程,设从 D 方格放出一定体积的散体,则其来自 B 方格的概率为 1/2,来自 A、C 方格的概率均为 1/4。按照上述关系推

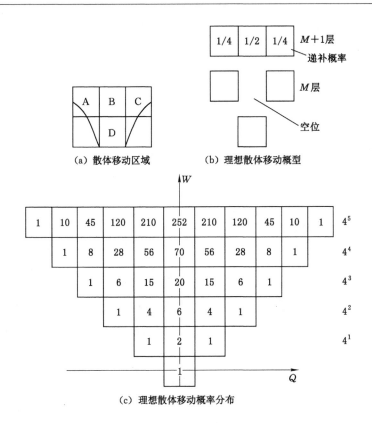

图 4-1 理想散体移动模型

算得到移动概率分布,见图 4-1(c)。

由数学归纳法可求得图 4-1(c)中任一(q,w)方格内散体移动概率:

$$P(q,w) = \left(\frac{1}{4}\right)^w C_{2w}^{|q|+w} \tag{4-1}$$

式中 C——数学中的组合记号;

q,w——方格形心坐标。

根据 De Moivre-Laplace 极限定理,当 $2w$ 足够大时,式(4-1)趋于正态分布:

$$P(q,w) = \frac{1}{\sqrt{\pi w}}\exp\left(-\frac{q^2}{w}\right) \tag{4-2}$$

设方格足够小,将由其分割的矿岩散体视为连续介质,此时换成直角坐标系(x,y)，令$q=x,w=y$，由式(4-2)得理想散体移动概率密度式：

$$P(x,y) = \frac{1}{\sqrt{\pi y}}\exp\left(-\frac{x^2}{y}\right) \tag{4-3}$$

式(4-3)可作如下解释：漏口每放出一个散体单元，形成的空位由上方散体按图4-1(c)方式随机填充，填充过程中散体的水平移动速度导致空位向上传递时产生横向扩散，到达高度y的层面时，空位扩散的位移均值为0，方差$\sigma^2 = y/2$。

4.3 理论推导

厚煤层综放开采过程中，顶煤、顶板在支撑压力和尾梁上下摆动等作用下破碎成复杂的多孔隙散体结构。该散体结构在重力作用下发生垮落，忽略顶煤和矸石垮落时的瞬时松散效应，将其简化为可连续流动的随机介质，借助概率统计和微积分思想，利用数学软件 Maple 推导出煤矸颗粒移动、移动边界、达孔量、煤矸分界线以及放出体等方程。推导过程作如下假定：

（1）放煤和移架过程中，顶煤和顶板在重力、震动等作用下充分破碎。

（2）周期放煤时，将当前放煤结束时形成的终止煤矸分界线作为下一次放煤开始时的起始煤矸分界线，即假设移架过程中无顶煤和矸石的冒落。

（3）忽略顶煤和矸石密度、块度以及孔隙等因素的影响，将破碎顶煤及矸石简化为可在重力作用下连续流动的随机介质。

以综放支架放煤口中心为坐标原点建立二维平面坐标系（相关理论分析和参数拟合时将放煤口中心与尾梁末端视为同一点），如图4-2所示。

放煤过程中，标志层逐渐沉降为漏斗状曲线并随放出顶煤量不断变化，将沉降曲线最低点连线定义为偏移曲线，统计大量模型试验和数值模拟不同高度标志层沉降曲线最低点在ox方向的偏移量，结果表明该偏移量呈一定规律，结合文献[80]与图4-2坐标系，利用综合优化分析计算软件平台1stOpt对各偏移量进行最小二乘回归拟合，结果表明该偏移曲线可表征为：

$$x' = f(y) = Ky^{\frac{a}{y+2}} \tag{4-4}$$

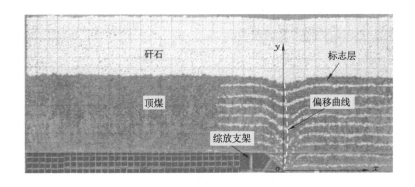

图 4-2　理论推导坐标系

式中　K——掩护梁影响系数；

　　　α——煤矸散体流动参数。

依据参考文献[80]，得煤矸散体颗粒移动概率密度方程：

$$P(x,y) = \frac{1}{A\sqrt{\pi\beta y^{\alpha}}}\exp\left\{-\frac{[x-f(y)]^2}{\beta y^{\alpha}}\right\} \tag{4-5}$$

式中　A——掩护梁平均切余系数；

　　　β——煤矸散体流动参数。

A 值通过以下方法得到：假定煤矸颗粒移动带左边界位于支架掩护梁延长线上，定义 A' 为掩护梁切余系数，放煤过程中，在任一层面上必有至少一个煤矸颗粒移动，故有：

$$\int_{-\frac{y}{\tan\theta}}^{\infty} \frac{1}{A'\sqrt{\pi\beta y^{\alpha}}}\exp\left\{-\frac{[x-f(y)]^2}{\beta y^{\alpha}}\right\}\mathrm{d}x = 1 \tag{4-6}$$

为减小推导积分难度，将掩护梁切余系数 A' 在煤层厚度方向积分并取平均，得掩护梁平均切余系数：

$$A = \frac{\int_0^H \left(\frac{1}{2}\mathrm{erf}\left\{\frac{y+f(y)\tan\theta}{\sqrt{\beta y^{\alpha}}\tan\theta}\right\}+\frac{1}{2}\right)\mathrm{d}y}{H} \tag{4-7}$$

式中　H——煤层厚度；

　　　θ——掩护梁倾角。

煤矸颗粒的移动速度与其移动概率成正比,考虑某一点(x,y),以该点为中心取一δ邻域,设该邻域长度为l,如图 4-3 所示。

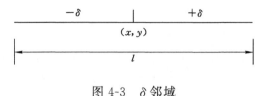

图 4-3 δ 邻域

由式(4-5)得δ邻域内煤矸散体下移概率:

$$\Phi(x,y,\delta) = \int_l P(x,y)\mathrm{d}l \tag{4-8}$$

当δ足够小时,由积分中值定理得:

$$\Phi(x,y,\delta) \approx P(x,y)l \tag{4-9}$$

设单位时间内流经放煤口单位长度的煤矸散体量为s,则单位时间内通过δ邻域的煤矸散体下移量为:

$$s_1 = \Phi(x,y,\delta)s \approx P(x,y)ls \tag{4-10}$$

另设煤矸散体平均铅直下降速度为v_y,则单位时间内移出δ邻域的煤矸散体量:

$$s_2 = lv_y \tag{4-11}$$

在统计学意义上有:$s_1 = s_2$,即 $v_y \approx P(x,y)s$,当δ邻域趋于一点时,该式严格相等,据此可得煤矸散体颗粒铅直移动速度方程:

$$v_y = - P(x,y)s = - \frac{s}{A\sqrt{\pi\beta y^\alpha}}\exp\left\{-\frac{[x-f(y)]^2}{\beta y^\alpha}\right\} \tag{4-12}$$

式中,负号表示速度方向与坐标增量方向相反。

设想以点(x,y)为中心任取一线单元,为保持流动连续性,单位时间内流出该线单元的面积量与流进量应相等,根据二维流体流动的连续性方程:

$$\frac{\partial v_x}{\partial x} + \frac{\partial v_y}{\partial y} = 0 \tag{4-13}$$

联立式(4-12)、式(4-13)得:

$$\begin{cases} v_x = -\dfrac{s\alpha x\,\mathrm{e}^{-\varphi}}{2Ay\sqrt{\pi\beta y^{\alpha}}} \\[4mm] v_y = -\dfrac{s\,\mathrm{e}^{-\varphi}}{A\sqrt{\pi\beta y^{\alpha}}} \end{cases} \tag{4-14}$$

式中，$\varphi = [x - f(y)]^2 / (\beta y^{\alpha})$。

对于任一固定点，颗粒经过该点时的移动迹线之切线，应与该点速度方向共线，故有：

$$\frac{\mathrm{d}x}{\mathrm{d}y} = \frac{v_x}{v_y} \tag{4-15}$$

联立式(4-14)、式(4-15)，整理得：

$$2\frac{\mathrm{d}x}{x} = \alpha\frac{\mathrm{d}y}{y} \tag{4-16}$$

将式(4-16)积分得煤矸颗粒移动迹线方程：

$$\frac{x^2}{y^{\alpha}} = \frac{x_0^2}{y_0^{\alpha}} \tag{4-17}$$

设 y_0 层面上某散体颗粒坐标为 $A_0(x_0, y_0)$，当该颗粒下移到 $A(x, y)$ 位置时，放煤口对应放出煤矸量为 S_f，颗粒在下移过程中应满足 $\mathrm{d}y/\mathrm{d}t = v_y$，将式(4-12)和式(4-17)代入该关系式得：

$$\frac{\mathrm{d}y}{\mathrm{d}t} = v_y = -\frac{s}{A\sqrt{\pi\beta y^{\alpha}}}\exp\left\{-\frac{[x_0 - f(y_0)]^2}{\beta y_0^{\alpha}}\right\} \tag{4-18}$$

将式(4-18)沿颗粒移动迹线积分并整理得：

$$S_f = \frac{2A\sqrt{\pi\beta}}{\alpha+2}\exp\left\{\frac{[x_0 - f(y_0)]^2}{\beta y_0^{\alpha}}\right\}(y_0^{\frac{\alpha}{2}+1} - y^{\frac{\alpha}{2}+1}) \tag{4-19}$$

联立式(4-17)和式(4-19)可得起始高度为 y_0 的层面因放煤沉降而形成的漏斗状曲线方程：

$$\frac{[x - f(y)]^2}{\beta y^{\alpha}} = \ln\frac{(\alpha+2)S_f}{2A\sqrt{\pi\beta}(y_0^{\frac{\alpha}{2}+1} - y^{\frac{\alpha}{2}+1})} \tag{4-20}$$

令 $x = f(y)$，得放出漏斗曲线最低点高度：

$$y_{\min} = \left[y_0^{\frac{\alpha}{2}+1} - \frac{(\alpha+2)S_f}{2A\sqrt{\pi\beta}}\right]^{\frac{2}{\alpha+2}} \tag{4-21}$$

由式(4-21)可知 $y_{\min}$ 值随着放出量 S_f 的增加而减小,表明放煤过程中沉降漏斗曲线最低点保持向放煤口移动。当 $S_f = 2A\sqrt{\pi\beta}y_0^{\frac{\alpha}{2}+1}/(\alpha+2)$ 时,$y_{\min}=0$,表明沉降漏斗曲线最低点已经到达放煤口,即颗粒 $A_0(x_0,y_0)$ 恰好被放出,对应的放出量定义为颗粒 $A_0(x_0,y_0)$ 的达孔量,用 S_0 表示。在式(4-19)中令 $y=0$,并去掉 x_0、y_0 的脚标,可得任一颗粒 $A(x,y)$ 的达孔量方程:

$$S_0 = \frac{2A\sqrt{\pi\beta}}{\alpha+2}y^{\frac{\alpha}{2}+1}\exp\left\{\frac{[x-f(y)]^2}{\beta y^\alpha}\right\} \tag{4-22}$$

根据 3σ 统计原则[80]和式(4-4),煤矸散体移动带宽度即移动边界可简化为:

$$x = f(y) \pm 3\sqrt{\frac{1}{2}\beta y^\alpha} \tag{4-23}$$

当移动边界内的任一颗粒由 (x_0,y_0) 位置下移到 (x,y) 位置时,对应放出量为 S_f,其达孔量则由 S_0 减小为 S,即有:

$$S = S_0 - S_f \tag{4-24}$$

将式(4-17)和式(4-22)代入式(4-24),化简整理得:

$$\frac{y}{y_0} = \left(1-\frac{S_f}{S_0}\right)^{\frac{2}{\alpha+2}} \tag{4-25}$$

联立式(4-17)和式(4-25)可得颗粒移动方程:

$$\begin{cases} x = \left(1-\dfrac{S_f}{S_0}\right)^{\frac{\alpha}{\alpha+2}}x_0 \\[2mm] y = \left(1-\dfrac{S_f}{S_0}\right)^{\frac{2}{\alpha+2}}y_0 \end{cases} \tag{4-26}$$

如果已知煤矸颗粒的原始位置和放出量,我们可根据式(4-26)计算得到颗粒的新位置,这是后续理论分析煤矸分界线动态演化的基础。

由式(4-22)可知:在高为 y_H 的煤矸层中,横坐标满足 $x=f(y_H)$ 的颗粒达孔量最小,故当放出体高度达到 y_H 时,放出体纵剖面面积为:

$$S_0 = S_f = \frac{2A\sqrt{\pi\beta}}{\alpha+2}y_H^{\frac{\alpha}{2}+1} \tag{4-27}$$

联立式(4-20)和式(4-27),并用煤层厚度 H 代替 y_0 和 y_H,便可得到初始放煤阶段放煤至恰好见矸时的煤矸分界线方程:

$$\frac{[x-f(y)]^2}{\beta y^\alpha} = \ln \frac{H^{\frac{\alpha}{2}+1}}{H^{\frac{\alpha}{2}+1} - y^{\frac{\alpha}{2}+1}} \tag{4-28}$$

式中，H 为煤层厚度。

放出体表面是达孔量场的等值面，联立式(4-22)和式(4-27)可得放出体方程：

$$\frac{[x-f(y)]^2}{\beta y^\alpha} = \left(\frac{\alpha}{2}+1\right)\ln \frac{y_H}{y} \tag{4-29}$$

式中，y_H 为放出体高度。

4.4　参数拟合

本书通过模型试验(详见第 5 章)来确定相关参数 α、β 和 K。在模型中铺设多层标有序号的粒径为 6 mm 的白色巴厘石颗粒，其层间距为 25 mm，颗粒间水平间距为 10 mm。为了最大程度减少模型侧壁的影响，这些标有序号的标志颗粒铺设在模拟煤层走向中部，如图 4-4 所示，具体材料参数见模型试验部分。以放煤口中心为坐标原点确定标志颗粒坐标(后续理论分析时将放煤口中心与尾梁末端等效为同一点)，模拟放煤至顶层标志颗粒高

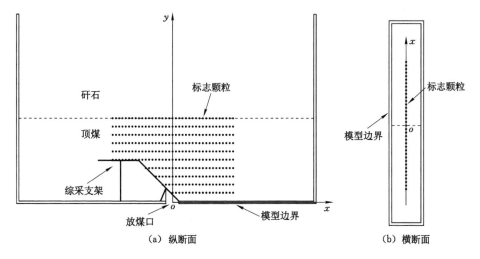

（a）纵断面　　　　　　　　　（b）横断面

图 4-4　标志颗粒布置示意

度,统计放出的标志颗粒,依据其原始坐标反推放出体形态,借助综合优化分析计算软件平台1stOpt,利用式(4-29)对其进行最小二乘回归拟合,从而确定参数 α、β 和 K 值。

模型试验设置 1∶1、1∶2 和 1∶3 三种采放比,放出体试验形态及其回归拟合结果如图 4-5 所示。三种采放比参数拟合结果依次为:$\alpha=1.62$、$\beta=0.42$、$K=0.24$,$\alpha=1.54$、$\beta=0.34$、$K=0.16$,以及 $\alpha=1.50$、$\beta=0.30$、$K=0.10$。

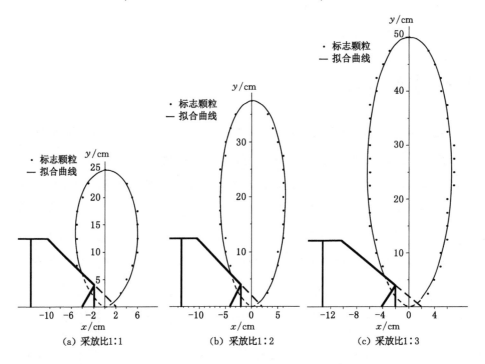

图 4-5　放出体试验形态及其回归拟合结果

4.5　煤矸移动范围及残煤成因

取采高 $h=3.5$ m,掩护梁倾角 $\theta=45°$,放煤步距 $L=0.8$ m(后续理论分析均依此值为依据)。依据式(4-23)即可确定煤矸颗粒的移动范围,这里以采放比 1∶2 为例分析移动边界特征以及残煤成因,如图 4-6 所示。

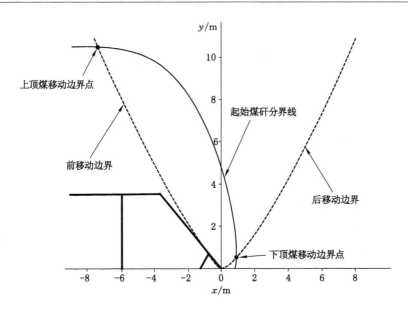

图 4-6　煤矸散体移动边界

　　放煤过程中由前后移动边界所包围的煤矸散体向放煤口方向移动,而前后移动边界之外的散体可视为不发生移动。前移动边界与起始煤矸分界线相交形成上顶煤移动边界点,后移动边界与起始煤矸分界线相交形成下顶煤移动边界点,起始煤矸分界线与上、下移动边界点的确定为后续分析煤矸分界线的动态演化提供了依据。顶煤移动边界(点)的存在是综放开采过程中形成残煤的重要原因,后移动边界、起始煤矸分界线与 x 轴(底板)所围区域构成了采空区残留煤量的主体部分。

4.6　煤矸分界线动态演化

　　作为放出体发育的边界条件,煤矸分界线的形态对综放开采放煤过程有着重要影响,当前步距放煤结束时形成的终止煤矸分界线直接决定着下一次移架放煤的放煤量以及何时终止放煤。因此,分析煤矸分界线的动态演化特征十分必要。

4.6.1 初始放煤阶段

以采放比 1：2 为例，当放出体高度 y_H＝10.5 m 时，矸石恰好到达放煤口，结合放出体方程式(4-29)，利用数学软件 Maple 画出放出体，并对其进行积分得对应放出量 S_f＝37.5 m²，此时如果继续放煤，所放顶煤将开始混入矸石，初始放煤理论分析至见矸即止。分别取顶煤放出量 S_f＝10 m²、20 m²、30 m² 和 37.5 m²，绘出对应的煤矸分界线，如图 4-7 所示，以此分析初始放煤阶段煤矸分界线的动态演化特征。

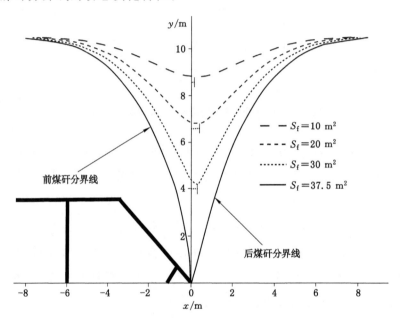

图 4-7　初始放煤阶段煤矸分界线动态演化

由图 4-7 可以看出，当放出量较少时，煤矸分界线最低点向支架后方偏离 oy 轴，随着放煤量增加，最低点偏移量逐渐增加，达到一定程度后，煤矸分界线最低点偏移量逐渐减小，直至与放煤口即坐标原点重合，偏移量减小为 0，此时煤矸分界线被 oy 轴分割形成前、后煤矸分界线。但在整个放煤过程中煤矸分界线最低点偏移量相对较小，煤矸分界线基本呈标准漏斗状发育，最终形成的前后煤矸分界线近似对称，只是在放煤口附近前煤矸分界线较后煤矸分界线稍陡,这一现象与文献[35]模拟结果一致。

4.6.2 周期放煤阶段

初始放煤结束时形成的前煤矸分界线作为周期放煤阶段第一次移架放煤的起始煤矸分界线,在起始煤矸分界线上取若干散点,首先利用式(4-22)计算其达孔量,然后结合式(4-26)计算不同放出量条件下这些散点的新位置,并用平滑曲线将移动后的散点和上、下顶煤移动边界点连接起来,从而得到新的煤矸分界线,以此来分析周期放煤阶段煤矸分界线的动态演化特征。

以采放比 1:2 为例,所取散点颗粒原始坐标、达孔量以及 $S_f = 1.041\ 1\ m^2$、$2.232\ 4\ m^2$ 和 $4.040\ 3\ m^2$ 后的散点新坐标见表 4-1,即分别从未见矸、恰好见矸和过量放煤(含矸率达到 10% 左右)三种放出量分析煤矸分界线的动态演化特征,如图 4-8 所示。

表 4-1 不同放出量条件下顶煤颗粒位置变化

原始位置(x, y)/m	达孔量 S_0/m²	新位置(x, y)/m		
		$S_f = 1.041\ 1\ m^2$	$S_f = 2.232\ 4\ m^2$	$S_f = 4.040\ 3\ m^2$
$(-6.139\ 8, 10.4)$	924.392 8	$(-6.136\ 8,$ $10.394\ 4)$	$(-6.133\ 1,$ $10.385\ 2)$	$(-6.128\ 1,$ $10.374\ 3)$
$(-5.460\ 0, 10.3)$	491.707 7	$(-5.455\ 0,$ $10.287\ 7)$	$(-5.448\ 7,$ $10.272\ 4)$	$(-5.440\ 4,$ $10.252\ 1)$
$(-4.405\ 3, 10.0)$	209.927 1	$(-4.395\ 8,$ $9.972\ 0)$	$(-4.384\ 0,$ $9.937\ 1)$	$(-4.368\ 2,$ $9.890\ 8)$
$(-3.434\ 0, 9.5)$	106.523 2	$(-3.419\ 4,$ $9.447\ 4)$	$(-3.401\ 1,$ $9.382\ 0)$	$(-3.376\ 7,$ $9.294\ 7)$
$(-2.771\ 2, 9.0)$	69.458 8	$(-2.753\ 1,$ $8.923\ 5)$	$(-2.730\ 4,$ $8.828\ 2)$	$(-2.699\ 9,$ $8.700\ 4)$
$(-2.250\ 6, 8.5)$	50.038 5	$(-2.230\ 1,$ $8.399\ 6)$	$(-2.204\ 4,$ $8.274\ 1)$	$(-2.169\ 7,$ $8.105\ 2)$

表 4-1（续）

原始位置(x,y)/m	达孔量 S_0/m²	新位置(x,y)/m		
		S_f=1.041 1 m²	S_f=2.232 4 m²	S_f=4.040 3 m²
$(-1.816\ 0, 8.0)$	37.979 0	$(-1.794\ 2,$ 7.875 4)	$(-1.766\ 7,$ 7.718 9)	$(-1.729\ 3,$ 7.507 4)
$(-1.441\ 0, 7.5)$	29.727 2	$(-1.418\ 8,$ 7.350 5)	$(-1.390\ 7,$ 7.162 0)	$(-1.352\ 3,$ 6.905 9)
$(-1.111\ 0, 7.0)$	23.717 4	$(-1.089\ 5,$ 6.824 7)	$(-1.062\ 1,$ 6.602 8)	$(-1.024\ 3,$ 6.299 1)
$(-0.816\ 9, 6.5)$	19.146 8	$(-0.797\ 3,$ 6.297 9)	$(-0.772\ 1,$ 6.040 5)	$(-0.736\ 9,$ 5.685 4)
$(-0.552\ 7, 6.0)$	15.560 8	$(-0.536\ 3,$ 5.769 8)	$(-0.515\ 0,$ 5.474 6)	$(-0.484\ 9,$ 5.062 8)
$(-0.314\ 4, 5.5)$	12.683 0	$(-0.302\ 9,$ 5.240 2)	$(-0.287\ 8,$ 4.904 1)	$(-0.266\ 1,$ 4.428 5)
$(-0.099\ 0, 5.0)$	10.334 6	$(-0.094\ 5,$ 4.708 9)	$(-0.088\ 6,$ 4.328 0)	$(-0.079\ 8,$ 3.778 4)
$(0.095\ 5, 4.5)$	8.396 1	$(0.090\ 2,$ 4.175 7)	$(0.082\ 9,$ 3.745 0)	$(0.071\ 8,$ 3.105 9)
$(0.270\ 3, 4.0)$	6.785 4	$(0.251\ 4,$ 3.640 8)	$(0.225\ 1,$ 3.153 9)	$(0.182\ 3,$ 2.398 9)
$(0.426\ 1, 3.5)$	5.445 0	$(0.388\ 5,$ 3.104 6)	$(0.334\ 2,$ 2.552 9)	$(0.236\ 3,$ 1.627 9)
$(0.563\ 1, 3.0)$	4.336 6	$(0.499\ 7,$ 2.569 0)	$(0.402\ 7,$ 1.941 0)	$(0.175\ 2,$ 0.658 7)
$(0.680\ 5, 2.5)$	3.438 6	$(0.581\ 7,$ 2.039 2)	$(0.415\ 9,$ 1.318 9)	被放出

表 4-1(续)

原始位置(x,y)/m	达孔量 S_0/m^2	新位置(x,y)/m		
		$S_f=1.0411$ m^2	$S_f=2.2324$ m^2	$S_f=4.0403$ m^2
(0.7766,2.0)	2.7544	(0.6317, 1.5295)	(0.3442, 0.6952)	被放出
(0.8477,1.5)	2.3558	(0.6577, 1.0789)	(0.1189, 0.1171)	被放出
(0.8601,1.3791)	2.2324	(0.6648, 0.9870)	(0.0000, 0.0000)	被放出
(0.8678,1.3)	2.3430	(0.6721, 0.9328)	(0.0906, 0.0691)	被放出
(0.8822,1.1)	2.5230	(0.6999, 0.8144)	(0.2883, 0.2574)	被放出
(0.8900,0.9)	3.1951	(0.7497, 0.7203)	(0.5041, 0.4302)	被放出
(0.8901,0.7)	5.8592	(0.8175, 0.6268)	(0.7139, 0.5257)	(0.5351, 0.3615)

由图 4-8 可知,当放出量 $S_f=1.0411$ m^2 时,放出体未与起始煤矸分界线相交,此时矸石未混入,放出体由纯顶煤组成,起始煤矸分界线向下前方移动,形成新的煤矸分界线。新煤矸分界线在尾梁末端凹向放煤口,其中心轴(图示通过凹点且平分煤矸分界线凹陷角的虚直线)左上侧煤矸分界线凸向采空区,凸点位置高度近似等于支架高度,且上中部斜率为负值,下部近似垂直,中心轴右下侧煤矸分界线斜率亦为负值。当放出量 $S_f=2.2324$ m^2 时,放出体恰好与起始煤矸分界线相切,矸石刚好到达放煤口,所放仍然为纯顶煤,煤矸分界线持续向下前方移动而形成新的煤矸分界线。煤矸分界线在尾梁末端凹向放煤口及中心轴左上侧部分凸向采空区现象较 $S_f=1.0411$ m^2 时明显,此时中心轴左上侧煤矸分界线上中部斜率仍为负值,下

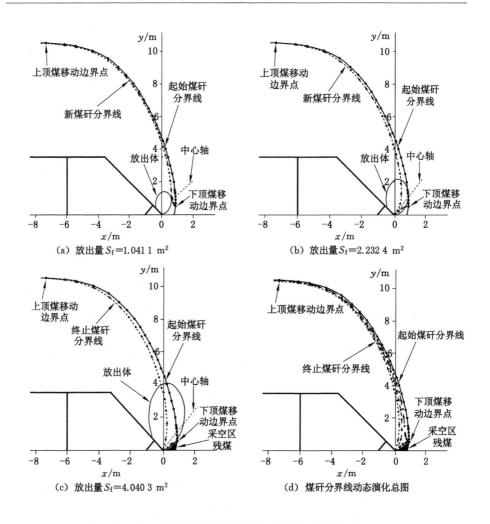

图 4-8　周期放煤阶段煤矸分界线动态演化

部斜率为正值,中心轴右下侧煤矸分界线斜率亦变为正值。当放出量 $S_f =$ 4.040 3 m^2 时,放出体与起始煤矸分界线相交,原始坐标为(0.680 5,2.5)、(0.776 6,2.0)、(0.847 7,1.5)、(0.860 1,1.379 1)、(0.867 8,1.3)、(0.882 2,1.1)和(0.890 0,0.9)的散点颗粒已经被放出,放出体中混入矸石,对应含矸率为 9.73%(通过下述图 4-11 所示理论计算模型计算得到),煤矸分界线中心轴左上侧部分凸向采空区程度较 $S_f = 2.232$ 4 m^2 时略有减小,但仍呈上缓下急趋势,中心轴右下侧煤矸分界线与放出体边界近似重合,并与起始煤矸分界线、x 轴(底板)围成倾向采空区的条带状残留煤量,终止煤矸分界线形态与起始煤矸分界线相比,其形态差异相对较小。

通过以上分析可知,周期放煤阶段煤矸分界线的动态演化所形成的新煤矸分界线的中心轴均偏向采空区,中心轴左上侧煤矸分界线均凸向采空区且上中部斜率为负值,下部斜率为正值,呈上缓下急趋势。中心轴左上侧煤矸分界线凸点位置高度始终近似等于支架高度,中心轴右下侧的煤矸分界线与起始煤矸分界线、x 轴(底板)围成区域构成了向采空区倾斜的条带状残留煤量。

4.7　放出体动态演化

放出体是被放出顶煤和矸石在掩护梁后方被放出之前的初始形态,深入理解放出体的形态特征是提高顶煤回收率、降低含矸率的重要前提。为此,本书对放出体的动态演化特征进行了深入研究,不同采放比条件下的放出体演化过程如图 4-9 所示。

由图 4-9 可知,不同采放比条件下煤矸放出体的动态演化规律整体相似:对于某一采放比,当放出量较少时,放出体轴偏角(放出体长轴即虚线与 oy 轴夹角)相对较大,放出体呈掩护梁切割类球形,此时传统椭球体理论分析综放开采过程的适用性相对较差。随着放出量的增加,放出体轴偏角逐渐减小,放出体形状逐渐过渡为掩护梁切割类椭球状,此时用传统椭球体理论分析综放开采过程相对合适。

为了进一步分析采放比对放出体形态的影响,本书对比分析了三种采放比条件下放出体的形态差异,如图 4-10 所示。由该图可知:当放出体高度相同时,采放比越大,放出体轴偏角越大,对应放出量也越多,采放比较小条件下的放出体形状比采放比较大条件下的放出体形状更接近椭球状。总体而言,综放开采放出体主要由位于掩护梁后上方的顶煤组成。

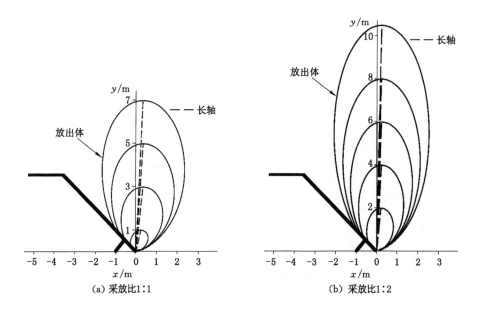

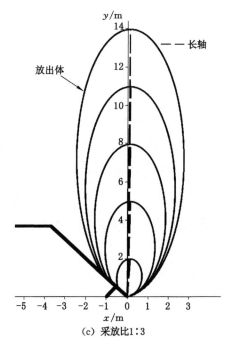

图 4-9　不同采放比条件下放出体的动态演化

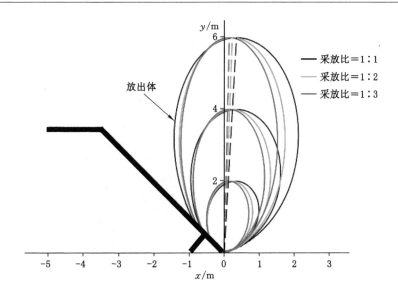

图 4-10　不同采放比条件下放出体形态对比

4.8　顶煤回收研究

厚煤层综放开采的最终目的是通过降低含矸率、提高顶煤回收率,从而使综放效益达到最优。为此,本书从理论分析的角度入手,首先建立顶煤回收率和含矸率的理论计算模型,然后据此分析顶煤回收率与含矸率的相互关系,最后给出相应的放煤终止原则。

4.8.1　顶煤回收率与含矸率理论计算模型

协同考虑煤矸分界线和放出体的演化特征,在上述理论分析的基础上建立了顶煤回收率与含矸率的理论计算模型,如图 4-11 所示。

由该模型可将一个步距内的顶煤储量定义为 $(H-h)L$,然后顶煤回收率(TCRR)和含矸率(RMR)可分别计算如下:

$$TCRR = \frac{S_2}{(H-h)L} \tag{4-30}$$

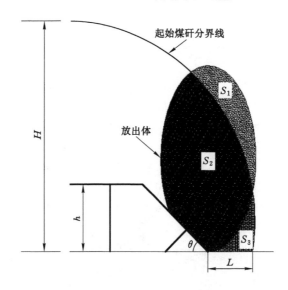

图 4-11　顶煤回收率与含矸率理论计算模型

$$\mathrm{RMR} = \frac{S_1}{S_1 + S_2} \tag{4-31}$$

式中　H——煤层厚度；

　　　h——采高；

　　　L——放煤步距；

　　　S_1——矸石放出量；

　　　S_2——纯顶煤放出量；

　　　S_3——当前放煤步距放煤结束时残留在采空区的未放出顶煤量。

4.8.2　顶煤回收率与含矸率关系

　　如前所述，取采高 $h=3.5$ m，掩护梁倾角 $\theta=45°$，放煤步距 $L=0.8$ m。以初始放煤阶段"见矸关窗"所形成的终止煤矸分界线作为周期放煤阶段放煤开始的起始煤矸分界线。根据图 4-11 所示理论模型计算出不同采放比和不同放出体高度条件下的顶煤回收率与含矸率值，得出不同采放比条件下的最初开始见矸的放出体高度和对应含矸率，并依据计算结果绘出顶煤回收率和含矸率的关系曲线，以此分析顶煤回收率与含矸率的相互变化关系，并给出放煤终止原则。不同采放比条件下的顶煤回收率与含矸率的计算结果见表 4-2～表 4-4。

表 4-2　采放比 1∶1 条件下顶煤回收率与含矸率理论计算结果

放出体高度 y_H/m	矸石放出量 S_1/m²	顶煤放出量 S_2/m²	顶煤回收率/%	含矸率/%
1.41	0.000 0	1.136 6	40.59	0.00
1.51	0.000 0	1.298 6	46.38	0.00
1.61	0.015 6	1.437 1	51.33	1.07
1.71	0.042 9	1.579 7	56.42	2.64
1.91	0.105 0	1.817 7	64.92	5.46
2.11	0.221 0	2.090 4	74.66	9.56
2.31	0.412 0	2.323 3	82.98	15.09
2.51	0.639 8	2.521 6	90.06	20.24
2.61	0.916 8	2.724 4	97.30	25.18

表 4-3　采放比 1∶2 条件下顶煤回收率与含矸率理论计算结果

放出体高度 y_H/m	矸石放出量 S_1/m²	顶煤放出量 S_2/m²	顶煤回收率/%	含矸率/%
2.10	0.000 0	1.746 9	31.19	0.00
2.30	0.000 0	2.232 4	39.86	0.00
2.50	0.062 4	2.689 4	48.03	2.27
2.70	0.163 7	3.127 9	55.86	4.97
2.90	0.348 9	3.597 9	64.25	8.84
3.10	0.690 4	4.161 5	74.31	14.23
3.50	1.302 8	4.594 6	82.05	22.09
4.00	2.262 9	5.080 8	90.73	30.81
4.50	3.281 2	5.327 7	95.14	38.11

表 4-4　采放比 1∶3 条件下顶煤回收率与含矸率理论计算结果

放出体高度 y_H/m	矸石放出量 S_1/m²	顶煤放出量 S_2/m²	顶煤回收率/%	含矸率/%
2.50	0.000 0	2.213 4	26.35	0.00
3.10	0.000 0	3.122 7	37.18	0.00
3.50	0.117 9	3.891 2	46.32	2.94
4.00	0.385 5	4.798 6	57.13	7.44
4.50	0.793 1	5.691 0	67.75	12.23
5.50	1.923 3	6.658 0	79.26	22.41
6.50	4.347 0	7.806 1	92.93	35.77

当放出体与起始煤矸分界线相切时,矸石恰好到达放煤口,继续放煤,将混入矸石。不同采放比条件下恰好见矸时的放出体高度和对应顶煤回收率见表 4-5。

表 4-5　不同采放比条件下开始混矸时的放出体高度和对应顶煤回收率

采放比	1∶1	1∶2	1∶3
放出体高度 y_H/m	1.51	2.30	3.10
顶煤回收率/%	46.38	39.86	37.18

根据上述计算结果,可绘制出不同采放比条件下顶煤回收率与含矸率的关系曲线,如图 4-12 所示。

由表 4-5 和图 4-12 可知,在放煤初期,放出体由纯顶煤组成,随着放煤过程持续,矸石逐渐混入。具体表现为:① 采放比 1∶1 条件下,当放出体高度 y_H 达到 1.51 m 时,对应顶煤回收率为 46.38%,继续放煤,所放顶煤中将开始混入矸石,但在顶煤回收率达到 65% 之前,对应含矸率始终低于 6%。一旦含矸率达到 9.56%,对应顶煤回收率为 74.66%,此后若继续放

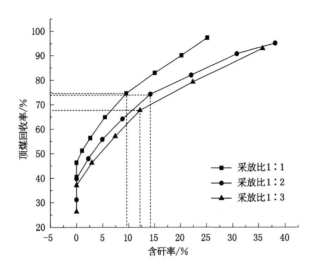

图 4-12   顶煤回收率与含矸率关系

煤,含矸率将快速增加,而顶煤回收率则增加缓慢。为此,将顶煤回收率74.66%和含矸率9.56%分别定义为顶煤拐点回收率和拐点含矸率(下同),可作为综放开采放煤终止的参考依据。② 采放比 1∶2 条件下,所放顶煤中开始混入矸石时的放出体高度为 2.30 m,对应顶煤回收率为39.86%,顶煤拐点回收率和拐点含矸率分别为 74.31% 和 14.23%。③ 采放比 1∶3 条件下,所放顶煤中开始混入矸石时的放出体高度为3.10 m,对应顶煤回收率为37.18%,顶煤拐点回收率和拐点含矸率分别为 67.75% 和 12.23%。

    综上可知,采放比越大,所放顶煤开始混入矸石时的放出体高度越小,但对应顶煤回收率则越大。无论哪一种采放比,顶煤回收率与含矸率均呈非线性增大关系,且拐点含矸率差别不大,范围大致在 10%～15%,可作为综放开采放煤终止的参考依据。

    为了验证上述放煤依据的准确性,以塔山煤矿 8101、8102 和 8111 综放工作面为监测对象,结合地质报告,去除工作面割煤量和煤层夹矸量,整理计算出工作面顶煤回收率与含矸率,见表 4-6。

表 4-6　现场实测数据

监测时间	放煤产量/t	矸石量/t	含矸率/%	回收率/%
2015 年 1 月	1 917 683	302 993.91	15.80	85.21
2015 年 2 月	1 842 976	293 033.18	15.90	97.41
2015 年 3 月	1 626 525	292 774.50	18.00	90.19
2015 年 4 月	2 030 938	426 496.98	21.00	92.80
2015 年 5 月	2 278 729	439 794.70	19.30	98.29
2015 年 6 月	2 226 626	467 591.46	21.00	93.80
2015 年 7 月	2 378 596	549 455.68	23.10	99.61
2015 年 8 月	2 302 850	522 746.95	22.70	97.10
2015 年 9 月	1 921 061	422 633.42	22.00	96.18
2015 年 10 月	1 587 738	339 775.93	21.40	98.36
2015 年 11 月	1 663 820	371 031.86	22.30	89.58
2015 年 12 月	1 714 438	426 895.06	24.90	86.82
2016 年 1 月	1 636 470	394 389.27	24.10	98.86
2016 年 2 月	1 883 703	340 950.24	18.10	89.36
2016 年 3 月	2 485 727	387 773.41	15.60	92.82
2016 年 4 月	2 054 048	501 187.71	24.40	93.23
2016 年 5 月	1 858 402	314 069.94	16.90	94.27
2016 年 6 月	2 099 559	394 717.09	18.80	91.50
2016 年 7 月	2 243 337	410 530.67	18.30	97.69
2016 年 8 月	2 423 063	482 189.54	19.90	88.20
2016 年 9 月	2 542 233	340 659.22	13.40	80.10
2016 年 10 月	2 848 723	344 695.48	12.10	75.91
2016 年 11 月	2 550 965	285 708.08	11.20	78.48
2016 年 12 月	2 741 534	301 568.74	11.00	76.92
2017 年 1 月	2 300 049	269 105.73	11.70	76.85
2017 年 2 月	2 226 152	385 124.30	17.30	86.99
2017 年 3 月	2 554 031	536 346.51	21.00	93.80
2017 年 4 月	2 313 935	395 682.89	17.10	99.63
2017 年 5 月	2 534 657	387 802.52	15.30	89.22
2017 年 6 月	2 397 371	433 924.15	18.10	89.36

利用幂函数 $y=ax^b$ 拟合实测数据,得到顶煤回收率与含矸率的关系曲线,据此确定实际生产拐点回收率与拐点含矸率,见图 4-13。

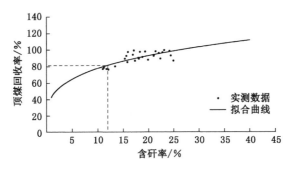

图 4-13　现场实测顶煤回收率与含矸率关系

由图 4-13 可知,现场实测回收率与含矸率关系与理论分析趋势一致,且现场实测所得拐点回收率约为 80%,对应拐点含矸率约为 12%,处于理论分析所得 $10\%\sim15\%$ 范围内,证明了理论模型的可行性。

4.9　本章小结

本章以厚煤层为研究对象,基于随机介质理论,通过假定顶煤在支撑压力和尾梁摆动等作用下充分破碎成散体、移架过程无顶煤和矸石垮落、忽略顶煤和矸石块度、孔隙、密度等因素的影响,将其视为可在重力作用下连续流动的随机介质,运用微积分和概率统计等思想推导了煤矸颗粒移动、移动边界、达孔量、煤矸分界线和放出体等方程。

(1) 首先结合模型试验回归拟合出相关散体流动和掩护梁影响系数,然后根据所推方程确定散体顶煤放出过程中的颗粒移动边界,分析了初始放煤和周期放煤阶段煤矸分界线的动态演化特征:初始放煤阶段,煤矸分界线近似呈对称漏斗状发育,其最低点向采空区方向偏离 oy 轴,偏移量先增大后减小,在放煤口处减小为零,但整体而言,偏移量相对较小。周期放煤阶段,煤矸分界线先沿支架前进方向向下前方移动,中心轴左上侧煤矸分界线凸向采空区,凸点位置高度近似等于支架高度,且其中上部斜率为负,下部近似垂直,中心轴右下侧煤矸分界线斜率亦为负。随着放煤过程持续,煤矸分界线持续向下前方移动,并在尾梁末端附近处凹向放煤口,此时中心轴左上侧煤矸分界线凸向采空区现象更趋明显,中心轴左上侧煤矸分界线上中部斜率仍为负值,下部则逐渐转化为正值,中心轴右下侧煤矸分界线斜率亦由负值逐渐过渡为正值。当放至顶煤放出体与起始煤矸分界线相交时,所放顶煤中已经混入矸石,此时中心轴左上侧煤矸分界线凸向采空区程度又随放煤持续而减弱,但仍呈上缓下急趋势,且凸点高度在整个放煤过程中始终近似等于支架高度,中心轴右下侧煤矸分界线与放出体边界近似重合,并与起始煤矸分界线、x 轴(底板)围成倾向采空区的条带状残留煤量,含矸率达到 9.73% 时形成的终止煤矸分界线形态与起始煤矸分界线相比,其形态差异相对较小。

(2) 依据所推放出体方程,利用数学软件 Maple 绘制出不同采放比、不同放出量条件下的放出体形态,据此分析了综放开采过程中放出体的动态演化规律:不同采放比条件下的放出体发育过程整体相似,对于某一采放比,当放出量较少时,放出体轴偏角较大,放出体形态接近掩护梁切割类球形,此时传统椭球体理论分析综放开采过程的适用性相对较差。随着放煤过程持续,放出体轴偏角逐渐减小,放出体形状逐渐转化为掩护梁切割类椭球状,此时用传统椭球体理论分析综放开采过程相对合适。放出体高度相同时,采放比越大,放出体轴偏角越大,对应放出量也越多,采放比较小条件下的放出体形状比采放比较大条件下更接近椭球状。总体而言,放出体主要由掩护梁后上方顶煤组成。

(3) 协同考虑起始煤矸分界线形态和放出体动态演化特征,建立了顶煤回收率与含矸率的理论计算模型,给出了顶煤回收率和含矸率的计算公式,并据此计算得到了不同采放比条件下的顶煤回收率与含矸率,绘制出了含矸率与顶煤回收率的关系曲线,分析了两者相互关系,提出了拐点含矸率与顶煤拐点回收率的概念。结果表明:采放比越大,所放顶煤开始混入矸石时的放出体高度越小,但对应顶煤回收率则越大。无论何种采放比,顶煤回收率与含矸率均呈非线性增大关系,现场放煤可将含矸率 10%～15% 作为放煤终止原则。

第 5 章　综放开采顶煤放出规律试验研究

5.1　引言

为了验证随机介质理论研究厚煤层综放开采过程顶煤放出规律的适用性,以大同矿区塔山煤矿 8102 工作面实际工况为工程背景开展了模型试验研究。试验模拟研究煤矸移动范围和煤矸分界线的形态特征,统计分析顶煤回收率与含矸率的相互关系,并与理论分析结果进行对比,进一步验证理论分析的可行性。

5.2　工程背景

大同矿区位于山西省北部大同市西南方约 20 km 处,为长方形盆地构造,走向为南西-北东,长 85 km,宽 30 km,总面积约为 1 827 km²。煤田赋存主要有两个煤系:侏罗纪煤系和石炭二叠纪煤系,储量多,地质构造简单,多是近水平煤层,埋深浅,适合大规模开采。但两纪煤层的条件区别较大:侏罗纪煤层和顶底板均较为坚硬,层理节理不发育,其煤层层数多,切割难度大,顶板维护难度较大,同煤集团历史上开采的煤层全部属于侏罗纪煤层;石炭二叠纪煤层厚度大,结构复杂,大多受火成岩侵入影响,开采难度大,该煤系所属 2、3～5 以及 8 号煤层顶板岩性为(细)砂岩、(砂质)泥岩或砂砾岩,底板岩性为砂质泥岩、碳质泥岩、泥岩或高岭岩,煤层各种层理节理发育,上部煤层一旦失稳,冒落性较好,预测整个煤层的冒放性均较好。总体而言,侏罗纪煤层和顶煤均较为坚硬,而石炭二叠纪煤层及其顶、底板层理节理发育,整体相对破碎,冒放性较好。

塔山井田位于大同煤田东翼中东部边缘地带,口泉河两岸,鹅毛口河北部,七峰山以西,距离大同市区约 30 km。塔山井田走向长约 24 km,倾斜宽约 12 km,总面积约为 170.91 km²,地质储量为 50.7 亿 t,工业储量为 47.6 亿 t,可采储量为 30.7 亿 t,按照设计生产能力计算,该矿井服务年限约为 140 年。

塔山井田主采石炭二叠纪煤层,其所属 8102 工作面为一盘区第一个特厚煤层工作面,工作面长度约为 231 m,采高为 3.5 m,煤层厚度为 11.1～20 m,平均厚度为 13.9 m,采放比约为 1∶2.9。工作面两巷布置一进一回,且在煤层顶板中布置一条瓦斯高抽巷,采用头尾端头斜切进刀、双向割煤、放煤步距 0.8 m、一刀一放多轮顺序放煤和头尾过渡支架不放煤的放煤工艺[7]。

5.3　试验装置

基于上述工程背景,利用二维试验台进行了模型试验研究。试验台长×宽×高＝1 800 mm×160 mm×1 400 mm,如图 5-1 所示。

图 5-1　二维模型试验台

模型试验几何相似比为 1∶28,自主研制综放支架高度为 125 mm,模拟实际采高 3.5 m,放煤口尺寸为 160 mm×40 mm,掩护梁倾角为 45°,通过放煤口的打开和关闭来模拟实际放煤过程中尾梁的摆动,如图 5-2 所示。

（a）放煤口打开 　　　　　　　　　（b）放煤口关闭

图 5-2　模型试验所用支架

以往散体放顶煤试验中常用石膏砂子等来模拟底煤,但这种方法需要较长的凝固时间。为了缩短试验周期,提高试验效率,本次模型试验采用不锈钢管模拟底煤,其截面尺寸为 28.6 mm×28.6 mm,如图 5-3 所示。根据上述几何相似比,每抽取一根钢管,可模拟实际生产中的放煤步距 0.8 m。

图 5-3　不锈钢管

为了清晰地观察支架后方采空区的煤矸流动特征,避免工作面推进过程中冒落在采空区的煤矸石溢出模型,在试验台原有玻璃挡板下方安装厚度为 20 mm、一端斜切角为 45°的有机玻璃挡板,如图 5-4 所示。

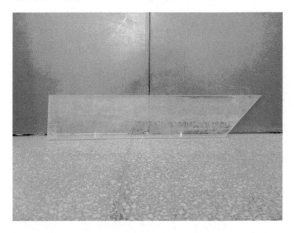

图 5-4　有机玻璃挡板

移架时,为了较好地固定不断推进的有机玻璃板,用 5 mm 厚的槽钢加工若干块"Z"形不锈钢挡板,折角处长度为 20 mm,如图 5-5 所示。

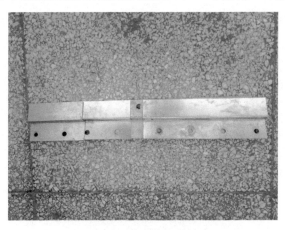

图 5-5　不锈钢挡板

其他辅助工具有电子秤、钢尺、马克笔、带三脚架数码相机等。

5.4　试验材料及布置

模型试验几何相似比为 1：28，采用粒径为 5～8 mm（主要集中在 6 mm）的黑色石子模拟松散顶煤，粒径为 8～12 mm 的白色石子模拟破碎顶板。为了更好地观察顶煤运移特征，用粒径为 5～8 mm 的白色石子在顶煤中铺设若干标志层。如图 5-6 所示。

（a）粒径5～8 mm黑色石子

（b）粒径8～12 mm白色石子

（c）粒径5～8 mm白色石子

图 5-6　模拟煤矸所用散体材料

试验设置 1：1、1：2 和 1：3 三种采放比，标志层层间距为 50 mm，顶板统一铺设为 300 mm 厚，每刀推进 30 mm，对应实际放煤步距 0.8 m。三种采放比的初始模型布置如图 5-7 所示。

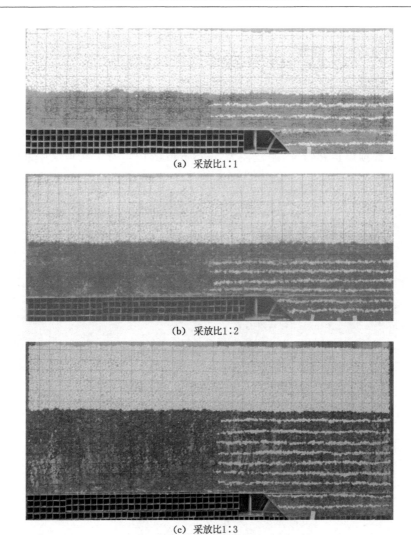

(a) 采放比1∶1

(b) 采放比1∶2

(c) 采放比1∶3

图 5-7　不同采放比条件下的初始模型

5.5　试验结果分析

三种采放比初始放煤均采取"见矸关窗"原则停止放煤。采放比1∶1和采放比1∶2条件下共模拟放煤23刀,其中前18刀放煤过程均采取"见矸关窗"原则,后 5 刀当煤流中矸石比例超过 50％时停止放煤。采放比 1∶3 条件下共模拟放煤 19 刀,其中前 14 刀采取"见矸关窗"原则,后 5 刀当煤流中矸石比例超过 50％时停止放煤。

5.5.1　初始放煤阶段煤矸分界线动态演化及移动边界试验验证

三种采放比条件下初始放煤阶段的煤矸分界线的动态演化过程以及移动边界的试验结果与理论分析对比如图 5-8～图 5-10 所示。

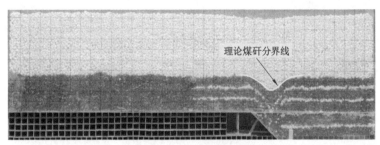

（a）放出体高度 y_H＝150 mm

（b）放出体高度 y_H＝200 mm

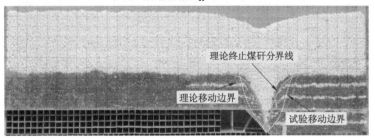

（c）放出体高度 y_H＝250 mm（恰好见矸）

图 5-8　采放比 1∶1 条件下初始放煤阶段煤矸分界线

试验结果与理论分析对比

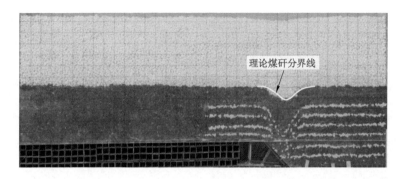

（a） 放出体高度 y_H＝250 mm

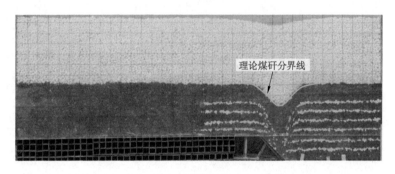

（b） 放出体高度 y_H＝300 mm

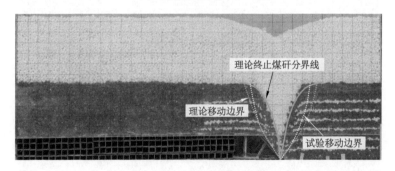

（c） 放出体高度 y_H＝375 mm（恰好见矸）

图 5-9　采放比 1：2 条件下初始放煤阶段煤矸分界线
试验结果与理论分析对比

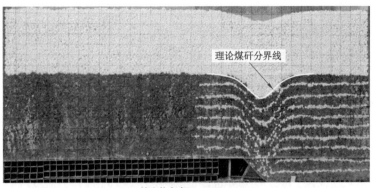

(a) 放出体高度 y_H = 300 mm

(b) 放出体高度 y_H = 400 mm

(c) 放出体高度 y_H = 500 mm (恰好见矸)

图 5-10　采放比 1∶3 条件下初始放煤阶段煤矸分界线

试验结果与理论分析对比

由图 5-8～图 5-10 可知,三种采放比条件下的初始放煤阶段模型试验所得煤矸分界线与理论煤矸分界线吻合程度较好。初始放煤结束时将各标志层及固有的煤矸分界线沉降形成的标志层移动边界点用平滑曲线连接起来,得到试验移动边界,由图可知放煤结束时形成的试验移动边界与理论移动边界吻合亦较好,证明了理论分析的准确性。

5.5.2 周期放煤阶段煤矸分界线动态演化试验验证

将上一刀放煤结束时形成的终止煤矸分界线作为当前刀放煤的起始煤矸分界线,并在该起始煤矸分界线上均匀取若干散点,依据上述理论计算方法可以确定不同放出量条件下的散点新坐标,并用平滑曲线连接起来从而形成新的煤矸分界线,作为理论煤矸分界线。依据理论分析结果,将含矸率达到约 10% 时的理论煤矸分界线作为理论终止煤矸分界线。分别从未见矸、恰好见矸和过量放煤(含矸率约 10%)三种情况验证周期放煤阶段煤矸分界线的动态演化特征。三种采放比条件下周期放煤阶段的煤矸分界线的动态演化的试验结果与理论分析对比如图 5-11～图 5-13 所示。

由图 5-11～图 5-13 可知,三种采放比条件下周期放煤阶段不同放出量对应的理论煤矸分界线与对应试验煤矸分界线吻合程度较好。理论终止煤矸分界线、起始煤矸分界线以及底板围成部分构成了理论残煤量,模型试验所得残煤随工作面推进呈周期性出现。理论残煤与试验所得残煤形态相似:均近似呈条带状,且倾向采空区。

5.5.3 顶煤回收率与含矸率关系试验验证

对不同采放比条件下每刀对应的顶煤储量进行实际称量,得到采放比 1∶1 条件下每刀对应顶煤储量为 1.28 kg,采放比 1∶2 条件下每刀对应顶煤储量为 2.54 kg,采放比 1∶3 条件下每刀对应顶煤储量为 3.78 kg。为了验证理论分析所得顶煤回收率与含矸率的相互关系以及放煤终止原则,模型试验用电子秤称量并统计了三种采放比条件下后 4 刀不同放出程度的对

(a)　未见矸（回收率15.64%）

(b)　恰好见矸（回收率22.66%）

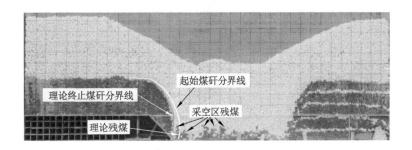

(c)　过量放煤（含矸率11.40%）

图 5-11　采放比 1∶1 条件下周期放煤阶段煤矸分界线试验结果
与理论分析对比（第 20 刀）

（a）未见矸（回收率10.22%）

（b）恰好见矸（回收率21.65%）

（c）过量放煤（含矸率11.26%）

图 5-12　采放比 1∶2 条件下周期放煤阶段煤矸分界线试验结果
与理论分析对比（第 22 刀）

（a）未见矸（回收率9.84%）

（b）恰好见矸（回收率21.16%）

（c）过量放煤（含矸率10.94%）

图 5-13　采放比 1∶3 条件下周期放煤阶段煤矸分界线试验结果
与理论分析对比（第 18 刀）

应煤矸量,统计结果见表 5-1～表 5-3,试验每刀放煤至煤流中的含矸率为 50%左右停止。

表 5-1　采放比 1∶1 试验煤矸数据　　　单位:kg

称量次序	第 20 刀		第 21 刀		第 22 刀		第 23 刀	
	煤量	矸量	煤量	矸量	煤量	矸量	煤量	矸量
1	0.29	0.00	0.30	0.00	0.31	0.00	0.32	0.00
2	0.20	0.01	0.22	0.01	0.21	0.01	0.20	0.01
3	0.15	0.01	0.16	0.01	0.16	0.01	0.17	0.02
4	0.13	0.02	0.12	0.02	0.14	0.03	0.13	0.03
5	0.10	0.03	0.11	0.05	0.12	0.04	0.10	0.03
6	0.14	0.06	0.11	0.08	0.13	0.07	0.11	0.06
7	0.13	0.13	0.11	0.14	0.11	0.11	0.12	0.14
8	0.12	0.20	0.14	0.36	0.13	0.25	0.13	0.29

表 5-2　采放比 1∶2 试验煤矸数据　　　单位:kg

称量次序	第 20 刀		第 21 刀		第 22 刀		第 23 刀	
	煤量	矸量	煤量	矸量	煤量	矸量	煤量	矸量
1	0.57	0.00	0.56	0.00	0.55	0.00	0.58	0.00
2	0.44	0.02	0.45	0.01	0.42	0.01	0.43	0.02
3	0.40	0.04	0.42	0.03	0.42	0.03	0.43	0.04
4	0.30	0.07	0.33	0.08	0.31	0.07	0.34	0.09
5	0.30	0.14	0.28	0.13	0.27	0.14	0.29	0.13
6	0.22	0.20	0.23	0.28	0.20	0.20	0.21	0.20
7	0.30	0.46	0.31	0.47	0.32	0.45	0.33	0.45

表 5-3　采放比 1∶3 试验煤矸数据　　　　　　　单位:kg

称量次序	第 16 刀		第 17 刀		第 18 刀		第 19 刀	
	煤量	矸量	煤量	矸量	煤量	矸量	煤量	矸量
1	0.81	0.00	0.81	0.00	0.80	0.00	0.79	0.00
2	0.62	0.03	0.61	0.03	0.63	0.02	0.62	0.03
3	0.56	0.08	0.58	0.06	0.57	0.07	0.56	0.07
4	0.48	0.11	0.49	0.10	0.48	0.12	0.47	0.13
5	0.46	0.14	0.46	0.14	0.45	0.15	0.43	0.15
6	0.40	0.24	0.42	0.26	0.41	0.28	0.42	0.26
7	0.20	0.21	0.30	0.28	0.30	0.30	0.30	0.33
8	0.20	0.32	0.20	0.30	0.20	0.33	0.20	0.32

以采放比 1∶2 为例,不同称量次数煤流中的煤矸比例变化如图 5-14 所示。

　(a) 第1次称量　　　　　(b) 第3次称量　　　　　(c) 第5次称量　　　　　(d) 第7次称量

图 5-14　采放比 1∶2 条件下第 20 刀煤矸比例变化

根据表 5-1～表 5-3 试验所称煤矸数据以及不同采放比条件下的单个步距内的顶煤储量,可计算出每刀单次放煤对应的顶煤回收率和含矸率,计算结果见表 5-4～表 5-6。

表 5-4　采放比 1∶1 试验顶煤回收率与含矸率

称量次序	第 20 刀		第 21 刀		第 22 刀		第 23 刀	
	回收率/%	含矸率/%	回收率/%	含矸率/%	回收率/%	含矸率/%	回收率/%	含矸率/%
1	22.66	0.00	23.44	0.00	24.22	0.00	25.00	0.00
2	38.28	2.00	40.63	1.89	40.63	1.89	40.63	1.89
3	50.00	3.03	53.13	2.86	53.13	2.86	53.91	4.17
4	60.16	4.94	62.50	4.76	64.06	5.75	64.06	6.82
5	67.97	7.45	71.09	9.00	73.44	8.74	71.88	8.91
6	78.91	11.40	79.69	14.29	83.59	13.01	80.47	12.71
7	89.06	18.57	88.28	21.53	92.19	18.62	89.84	20.14
8	98.44	26.74	99.22	34.54	102.34	28.42	100.00	31.18

表 5-5　采放比 1∶2 试验顶煤回收率与含矸率

称量次序	第 20 刀		第 21 刀		第 22 刀		第 23 刀	
	回收率/%	含矸率/%	回收率/%	含矸率/%	回收率/%	含矸率/%	回收率/%	含矸率/%
1	22.44	0.00	22.05	0.00	21.65	0.00	22.83	0.00
2	39.76	1.94	39.76	0.98	38.19	1.02	39.76	1.94
3	55.51	4.08	56.30	2.72	54.72	2.80	56.69	4.00
4	67.32	7.07	69.29	6.38	66.93	6.08	70.08	7.77
5	79.13	11.84	80.31	10.92	77.56	11.26	81.50	11.91
6	87.80	17.41	89.37	18.93	85.43	17.18	89.76	17.39
7	99.61	26.88	101.57	27.93	98.03	26.55	102.76	26.27

表 5-6　采放比 1∶3 试验顶煤回收率与含矸率

称量次序	第 16 刀		第 17 刀		第 18 刀		第 19 刀	
	回收率/%	含矸率/%	回收率/%	含矸率/%	回收率/%	含矸率/%	回收率/%	含矸率/%
1	21.43	0.00	21.43	0.00	21.16	0.00	20.90	0.00
2	37.83	2.05	37.57	2.07	37.83	1.38	37.30	2.08
3	52.65	5.24	52.91	4.31	52.91	4.31	52.12	4.83
4	65.34	8.18	65.87	7.09	65.61	7.81	64.55	8.61
5	77.51	10.94	78.04	10.06	77.51	10.94	75.93	11.69
6	88.10	15.27	89.15	14.90	88.36	16.08	87.04	16.28
7	93.39	18.66	97.10	19.16	96.30	20.52	94.97	21.27
8	98.68	23.25	102.38	23.21	101.59	24.85	100.26	25.39

为了体现规律的普适性,分别对表 5-4～表 5-6 中的 4 刀顶煤回收率与含矸率取平均值,结果见表 5-7。

表 5-7　模型试验不同采放比条件下顶煤回收率与含矸率平均值

称量次序	采放比 1∶1		采放比 1∶2		采放比 1∶3	
	平均回收率/%	平均含矸率/%	平均回收率/%	平均含矸率/%	平均回收率/%	平均含矸率/%
1	23.83	0.00	22.24	0.00	21.23	0.00
2	40.04	1.92	39.37	1.47	37.63	1.90
3	52.54	3.23	55.81	3.40	52.65	4.67
4	62.70	5.57	68.41	6.83	65.34	7.92
5	71.10	8.53	79.63	11.48	77.25	10.91
6	80.67	12.85	88.09	17.73	88.16	15.63
7	89.84	19.72	100.49	26.91	95.44	19.90
8	100.00	30.22			100.73	24.18

根据表 5-7 可绘制出模型试验不同采放比条件下顶煤回收率与含矸率的关系曲线,如图 5-15 所示。

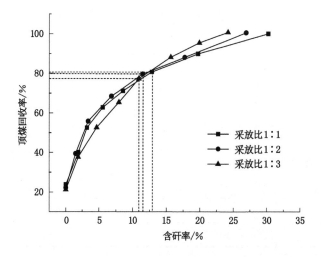

图 5-15　模型试验顶煤回收率与含矸率的关系

由图 5-15 可知:① 采放比 1∶1 条件下,所放顶煤中开始混入矸石时对应的顶煤回收率为 23.83%,继续放煤,顶煤回收率增加速度较快,而含矸率增加速度缓慢。当顶煤回收率增加至 80.67% 时,对应含矸率为 12.85%,如果继续放煤,含矸率将快速增加,而顶煤回收率则增加缓慢,对提高生产效益意义不大,故此采放比条件下的顶煤拐点回收率和拐点含矸率分别为 80.67% 和 12.85%。② 采放比 1∶2 条件下,所放顶煤中开始混入矸石时对应的顶煤回收率为 22.24%,此采放比条件下的顶煤拐点回收率和拐点含矸率分别为 79.63% 和 11.48%。③ 采放比 1∶3 条件下,所放顶煤中开始混入矸石时对应的顶煤回收率为 21.23%,此采放比条件下的顶煤拐点回收率和拐点含矸率分别为 77.25% 和 10.91%。

综上可知,同一采放比条件下,试验所得矸石开始混入放出顶煤中时对应的顶煤回收率较理论分析小得多,这是因为理论分析时将顶煤与矸石简化为同一种可连续流动的随机介质,不存在"窜矸"现象,而模型试验和现场生产实际中,因矸石和顶煤密度、块度等存在本质差异,放煤过程中不可避免地会有"窜矸"现象发生,从而导致见矸时的顶煤回收率比理论分析小得多。但总体来看,模型试验结果仍符合理论分析所得"采放比越大,所放顶煤中开始混入矸石时对应的顶煤回收率越大"这一结论。除此之外,试验所得含矸率与顶煤回收率仍呈非线性增大关系,而且同一采放比条件下,试验顶煤拐点回收率与理论顶煤拐点回收率误差均在 10% 以内,试验拐点含矸率与理论拐点含矸率误差均在 5% 以内;不同采放比条件下的试验拐点含矸率彼此差别不大,均在 10%~13%,符合理论分析所得"可将含矸率 10%~15% 作为放煤终止依据"这一结论。可见,模型试验结果较好地验证了理论分析的准确性。

5.6　本章小结

大同矿区主要开采两种煤系,一种是侏罗纪煤系,其顶煤和顶板均较硬,另一种是石炭二叠纪煤系,属于破碎煤层,冒放性好。塔山煤矿主采石炭二叠纪煤系。本章以塔山煤矿所属 8102 综放工作面实际工况为背景,利用二维试验台建立了采放比分别为 1:1、1:2 和 1:3 三种采放比条件的试验模型,以此对厚煤层的综放开采顶煤放出规律进行了模型试验研究。

(1)在试验模型中铺设若干标志层,当放煤至恰好见矸时,将每层标志层的顶煤移动边界点用平滑曲线连接起来,从而获得试验煤矸移动边界,然后依据理论分析部分煤矸移动边界公式绘出理论移动边界,并与试验所得移动边界对比,两者吻合程度较好;同理,将试验所得初始放煤阶段不同放出量条件下的煤矸分界线与理论煤矸分界线对比,其形态差异亦较小,初步验证了理论分析的可行性。

(2)忽略移架过程中顶煤和矸石的垮落,将上一次放煤结束时形成的煤矸分界线作为当前放煤开始的起始煤矸分界线,在起始煤矸分界线上均匀取若干散点,依据理论分析方法可以得到任一放出量条件下的理论煤矸分界线,模型试验则分别统计拍摄了不同放出量条件下形成的新的煤矸分界线。基于此,分别从未见矸、恰好见矸和过量放煤三个角度对比分析了理论和模型试验所得周期放煤阶段煤矸分界线以及采空区残煤形态,试验结果表明:残煤形态呈条带状,倾向采空区,与理论分析结果一致,试验煤矸分界线形态与理论形态吻合亦较好,证明了理论分析的可行性。

(3) 针对每一种采放比模型试验,分别统计称量后四刀不同放出量条件下的顶煤和矸石质量,结合单个放煤步距内的顶煤储量,计算出每一刀每一次放煤的顶煤回收率与含矸率值,并对四刀的计算结果取平均,算出每一种采放比条件下不同称量次数的顶煤回收率与回收率平均值,据此绘出三种采放比条件下的顶煤回收率与含矸率的关系曲线,并与理论分析结果对比。结果表明:试验所得顶煤回收率与含矸率关系与理论分析结果一致,均呈非线性增大关系;同一采放比条件下顶煤拐点回收率试验值与理论值误差在10%以内,拐点含矸率试验值与理论值误差在5%以内;不同采放比条件下的试验拐点含矸率取值均在10%～13%,验证了理论分析"可将含矸率10%～15%作为放煤终止依据"这一结论。

第6章　综放开采顶煤放出规律
数值模拟研究

6.1　引言

　　本章结合塔山煤矿8102综放工作面实际工况,利用颗粒流离散元软件PFC²ᴰ建立三种采放比的数值模型,据此研究煤矸移动范围以及煤矸分界线和放出体的动态演化特征,统计分析顶煤回收率与含矸率的相互关系,并与理论分析结果进行对比,进一步验证理论分析的准确性。

6.2　数值模型建立

　　结合塔山煤矿8102综放工作面生产实际,借助颗粒流离散元软件PFC²ᴰ建立了采放比分别为1∶1、1∶2和1∶3的数值模型。三种模型采高均为3.5 m,模型长均为50 m,为与模型试验比例一致,矸石厚度统一为8.4 m。支架参数按照真实放顶煤液压支架建立,在支架放煤口底部建立高度为0.2 m的挡板模拟刮板输送机,通过墙的删除和生成来模拟放煤口的打开和关闭。模拟顶煤颗粒主体粒径范围为60～90 mm,模拟矸石颗粒主体粒径范围为90～120 mm。综放支架以及煤矸颗粒具体力学参数见表6-1和表6-2。

表 6-1　综放支架参数

高度/mm	刚度/(N/m)	放煤口尺寸/mm	尾梁倾角/(°)	摩擦系数
3 500	1×10^9	1 131	45	0.2

表 6-2　煤矸颗粒力学参数

材料	密度 $\rho/(kg/m^3)$	法向刚度 $k_n/(N/m)$	剪切刚度 $k_s/(N/m)$	摩擦系数
顶煤	1 500	2×10^8	2×10^8	0.4
矸石	2 500	4×10^8	4×10^8	0.4

为了更直观地追踪顶煤运移轨迹,模型自下而上每隔 2 m 铺设 1 层标志颗粒,模拟初始条件:煤矸颗粒初始速度为 0,仅受重力作用,$g = 9.8$ m/s²,四周颗粒及底部墙体作为放煤边界条件,其速度固定为 0。三种采放比数值模型的初始状态如图 6-1 所示。

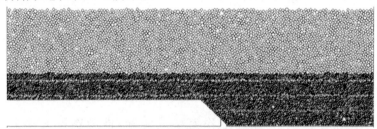

(a) 采放比1:1

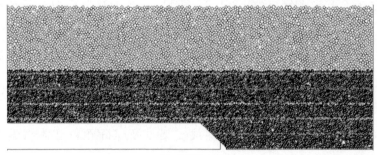

(b) 采放比1:2

图 6-1　数值模拟初始模型

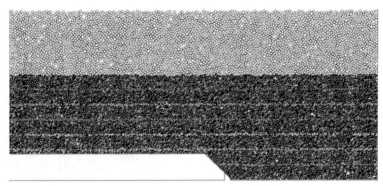

(c) 采放比1:3

图 6-1 （续）

6.3 模拟结果分析

三种采放比的放煤步距均为 0.8 m，均模拟放煤共计 10 刀，初始放煤和前 6 刀均采取"见矸关门"放煤原则，后 4 刀过量放煤，且均以放煤时煤流中矸石比例超过 50％时停止放煤。

6.3.1 初始放煤阶段煤矸分界线动态演化及移动边界数值模拟验证

三种采放比条件下初始放煤阶段的煤矸分界线的动态演化过程以及移动边界的数值模拟结果与理论分析对比如图 6-2～图 6-4 所示。

由图 6-2～图 6-4 可知，三种采放比条件下的初始放煤阶段数值模拟所得煤矸分界线与理论煤矸分界线吻合程度较好。初始放煤结束时将各标志层及固有的煤矸分界线沉降形成的标志层移动边界点用平滑曲线连接起来，得到数值模拟移动边界，由图可知放煤结束时形成的数值模拟移动边界与理论移动边界基本吻合，证明了理论分析的准确性。

6.3.2 周期放煤阶段煤矸分界线动态演化数值模拟验证

类似于模型试验，数值模拟也分别从未见矸、恰好见矸和过量放煤（含

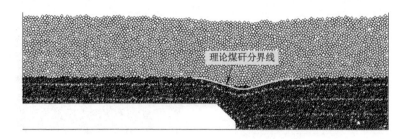

（a）放出体高度 $y_H = 4$ m

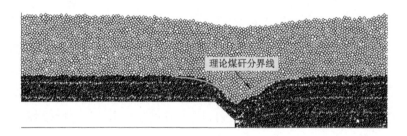

（b）放出体高度 $y_H = 6$ m

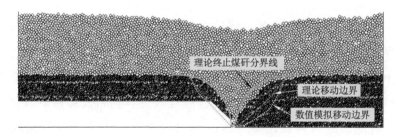

（c）放出体高度 $y_H = 7$ m（恰好见矸）

图 6-2　采放比 1∶1 条件下初始放煤阶段煤矸分界线以及
移动边界的数值模拟结果与理论分析对比

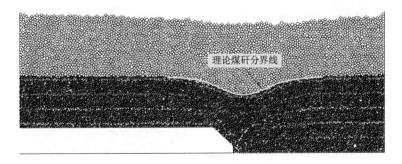

（a）放出体高度 y_H＝6 m

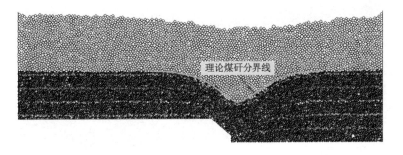

（b）放出体高度 y_H＝8 m

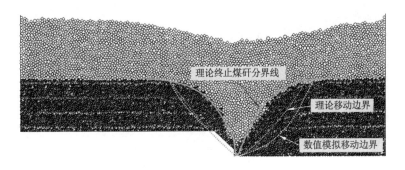

（c）放出体高度 y_H＝10 m（恰好见矸）

图 6-3　采放比 1∶2 条件下初始放煤阶段煤矸分界线以及
移动边界的数值模拟结果与理论分析对比

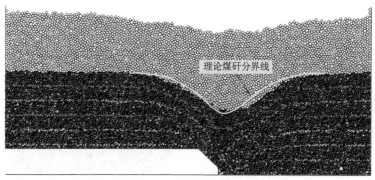

（a）放出体高度 y_H＝10 m

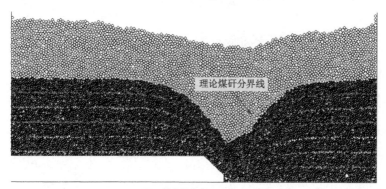

（b）放出体高度 y_H＝12 m

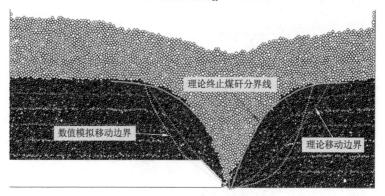

（c）放出体高度 y_H＝14 m（恰好见矸）

图 6-4　采放比 1∶3 条件下初始放煤阶段煤矸分界线以及
移动边界的数值模拟结果与理论分析对比

矸率约 10%)三种情况验证周期放煤阶段煤矸分界线的动态演化。三种采放比条件下周期放煤阶段第 9 刀煤矸分界线的动态演化的数值模拟结果与理论分析对比如图 6-5～图 6-7 所示。

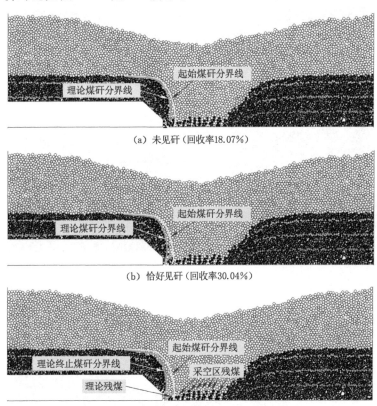

（a）未见矸（回收率18.07%）

（b）恰好见矸（回收率30.04%）

（c）过量放煤（含矸率11.10%）

图 6-5　采放比 1∶1 条件下周期放煤阶段煤矸分界线数值模拟结果
与理论分析对比（第 9 刀）

由图 6-5～图 6-7 可知：三种采放比条件下周期放煤阶段不同放出量对应的理论煤矸分界线形态与对应数值模拟所得煤矸分界线形态吻合程度较好。理论终止煤矸分界线、起始煤矸分界线以及底板围成部分构成的理论残煤量及形态与数值模拟所得残煤量及形态较为符合，数值模拟所得残煤随工作面推进呈周期性出现，数值模拟所得采空区残煤形态与模型试验和理论分析所得结果一致，均呈倾向采空区的近似条带状。

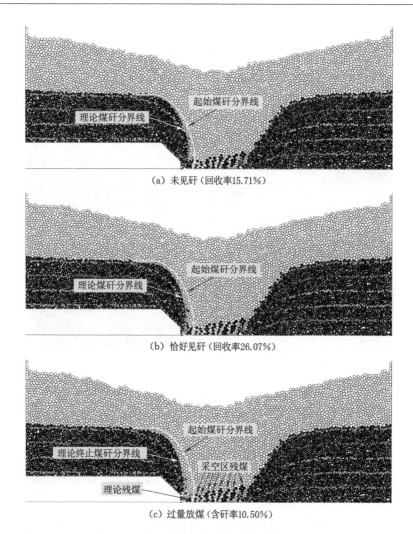

(a) 未见矸（回收率15.71%）

(b) 恰好见矸（回收率26.07%）

(c) 过量放煤（含矸率10.50%）

图 6-6　采放比 1∶2 条件下周期放煤阶段煤矸分界线数值模拟结果
与理论分析对比（第 9 刀）

6.3.3　放出体动态演化数值模拟验证

统计一定放出量对应的被放出球的 ID 号，然后在初始模型中删除这些
被放出的颗粒，即可得到数值模拟不同放出量对应的放出体形态，其轴偏角
通过连接放煤口中心和被放出最高颗粒的圆心的方法获得，并与理论分析

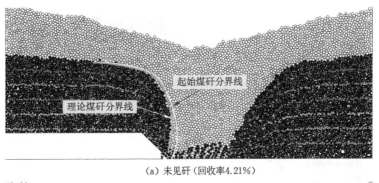

（a）未见矸（回收率4.21%）

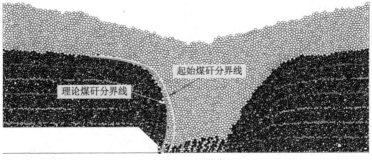

（b）恰好见矸（回收率8.83%）

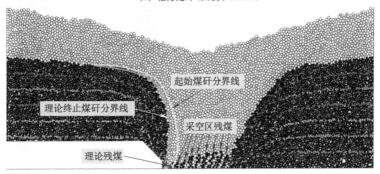

（c）过量放煤（含矸率12.60%）

图 6-7　采放比 1∶3 条件下周期放煤阶段煤矸分界线数值模拟结果
与理论分析对比（第 9 刀）

所得数值模拟形态以及轴偏角进行对比。三种采放比条件下不同放出体高度 y_H 的放出体数值模拟形态与理论形态对比如图 6-8～图 6-10 所示。

由图 6-8～图 6-10 可知，PFC^{2D} 数值模拟所得放出体形态与理论分析结

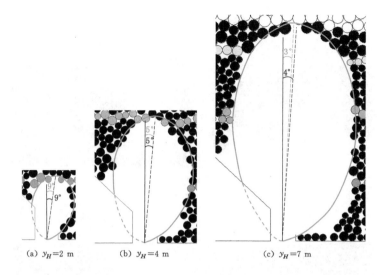

(a) $y_H=2\ m$ (b) $y_H=4\ m$ (c) $y_H=7\ m$

图 6-8　采放比 1∶1 条件下放出体形态数值模拟与理论对比

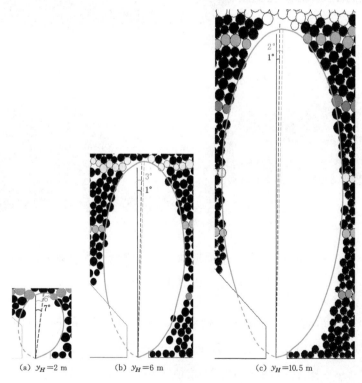

(a) $y_H=2\ m$ (b) $y_H=6\ m$ (c) $y_H=10.5\ m$

图 6-9　采放比 1∶2 条件下放出体形态数值模拟与理论对比

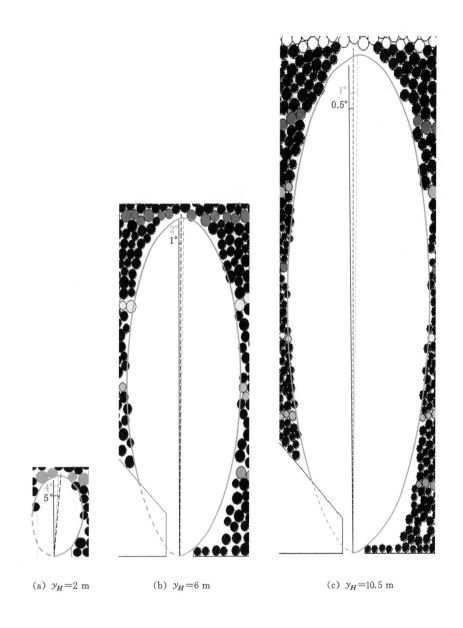

(a) y_H=2 m　　　　(b) y_H=6 m　　　　(c) y_H=10.5 m

图 6-10　采放比 1：3 条件下放出体形态数值模拟与理论对比

果吻合较好,对应放出体轴偏角误差亦均较小,进一步证明了随机介质理论分析厚煤层综放开采顶煤放出规律的准确性。

6.3.4 顶煤回收率与含矸率关系数值模拟验证

采放比 1∶1 条件下每刀对应顶煤储量为 2.8 m²,采放比 1∶2 条件下每刀对应顶煤储量为 5.6 m²,采放比 1∶3 条件下每刀对应顶煤储量为 8.4 m²。为了验证理论分析所得顶煤回收率与含矸率的相互关系以及放煤终止原则,数值模拟统计了三种采放比条件下后 4 刀不同放出程度的对应煤矸量,统计结果见表 6-3~表 6-5,数值模拟每刀放煤至煤流中的含矸率为 50% 左右停止。

表 6-3　采放比 1∶1 数值模拟煤矸数据　　单位:m²

统计次序	第 7 刀		第 8 刀		第 9 刀		第 10 刀	
	总煤量	总矸量	总煤量	总矸量	总煤量	总矸量	总煤量	总矸量
1	0.589	0	0.465	0	0.506	0	0.229	0
2	1.36	0	1.18	0	0.841	0	0.341	0
3	2.12	0.029 2	1.44	0.045 3	1.45	0.07	1.44	0.042 8
4	2.84	0.141	1.77	0.139	1.76	0.119	1.75	0.115
5	3.26	0.219	2.01	0.232	2.03	0.254	2.01	0.285
6	3.45	0.384	2.12	0.496	2.13	0.406	2.14	0.394
7	3.63	0.461	2.15	0.578	2.16	0.479	2.16	0.481
8	3.73	0.536	2.20	0.694	2.20	0.697	2.19	0.588
9	3.89	0.658	2.24	0.878	2.25	0.782	2.24	0.694
10	4.05	0.762	2.24	0.984	2.26	0.882	2.24	0.784
11	4.11	0.839	2.24	1.07	2.27	0.975	2.25	0.879
12	4.17	0.922	2.25	1.18	2.29	1.06	2.28	1.11
13	4.19	0.993	2.27	1.56	2.34	1.32	2.30	1.65

表 6-4　采放比 1∶2 数值模拟煤矸数据　　　　　单位：m²

统计次序	第 7 刀		第 8 刀		第 9 刀		第 10 刀	
	总煤量	总矸量	总煤量	总矸量	总煤量	总矸量	总煤量	总矸量
1	1.38	0	0.510	0	0.880	0	0.327	0
2	2.60	0	0.790	0	1.46	0	0.954	0
3	4.63	0.087 1	1.78	0.074 1	2.29	0.067 1	2.26	0.051 1
4	5.96	0.315	2.20	0.114	2.69	0.119	2.66	0.118
5	6.36	0.401	2.78	0.189	3.06	0.187	3.06	0.197
6	6.86	0.611	3.27	0.309	3.44	0.251	3.44	0.289
7	7.03	0.682	3.63	0.477	3.83	0.337	3.70	0.382
8	7.14	0.741	3.78	0.560	4.02	0.395	3.91	0.461
9	7.22	0.916	3.93	0.685	4.32	0.505	4.15	0.631
10	7.26	1.01	4.02	0.794	4.49	0.627	4.25	0.850
11	7.34	1.09	4.11	0.898	4.68	0.887	4.32	1.09
12	7.47	1.19	4.17	1.12	4.75	0.961	4.37	1.39
13	7.53	1.27	4.23	1.19	4.85	1.25	4.41	1.58
14	7.67	1.39	4.29	1.32	5.13	1.74	4.44	1.82
15	7.73	1.48	4.34	1.77	5.34	2.36	4.45	1.99

表 6-5　采放比 1∶3 数值模拟煤矸数据　　　　　单位：m²

统计次序	第 7 刀		第 8 刀		第 9 刀		第 10 刀	
	总煤量	总矸量	总煤量	总矸量	总煤量	总矸量	总煤量	总矸量
1	3.93	0	0.537	0	0.354	0	0.886	0
2	5.37	0	1.02	0	0.742	0	1.19	0
3	6.58	0.106	3.12	0.104	1.85	0.074 2	2.64	0.114
4	7.03	0.197	4.40	0.192	2.79	0.209	3.78	0.232
5	7.29	0.270	5.53	0.330	3.70	0.301	4.59	0.429
6	7.69	0.381	6.18	0.451	4.52	0.498	5.39	0.554

表 6-5(续)

统计次序	第7刀		第8刀		第9刀		第10刀	
	总煤量	总矸量	总煤量	总矸量	总煤量	总矸量	总煤量	总矸量
7	8.25	0.453	6.79	0.670	5.27	0.760	5.80	0.700
8	8.50	0.674	7.00	0.880	5.74	0.981	6.16	0.855
9	8.75	0.801	7.26	1.18	6.11	1.37	6.59	1.14
10	9.06	0.926	7.40	1.63	6.40	1.88	6.85	1.56
11	9.25	1.09	7.52	2.16	6.60	2.43	7.01	2.07
12	9.46	1.19	7.62	2.78	6.75	3.00	7.08	2.68
13	9.61	1.53	7.69	3.59	6.86	3.71	7.17	3.18
14	9.72	1.87	7.85	4.59	6.91	4.35	7.26	3.79
15	9.73	2.08	7.88	5.50	6.95	4.88	7.56	5.85
16	9.80	3.04	7.91	6.45	6.97	5.21	7.98	6.55

根据表 6-3～表 6-5 数值模拟所得煤矸数据以及不同采放比条件下的单个步距内的顶煤储量,可计算出每刀单次放煤对应的顶煤回收率和含矸率,计算结果见表 6-6～表 6-8。

表 6-6　采放比 1∶1 数值模拟顶煤回收率与含矸率

统计次序	第7刀		第8刀		第9刀		第10刀	
	回收率/%	含矸率/%	回收率/%	含矸率/%	回收率/%	含矸率/%	回收率/%	含矸率/%
1	21.0	0.00	16.6	0.00	18.1	0.00	8.17	0.00
2	48.5	0.00	42.0	0.00	30.0	0.00	12.2	0.00
3	75.8	1.36	51.5	3.05	51.8	4.60	51.4	2.88
4	101	4.72	63.1	7.31	63.0	6.31	62.4	6.20
5	116	6.31	71.7	10.4	72.6	11.1	71.9	12.4
6	123	10.0	75.6	19.0	76.2	16.0	76.6	15.5

表 6-6(续)

统计次序	第 7 刀		第 8 刀		第 9 刀		第 10 刀	
	回收率/%	含矸率/%	回收率/%	含矸率/%	回收率/%	含矸率/%	回收率/%	含矸率/%
7	130	11.3	76.7	21.2	77.1	18.2	77.3	18.2
8	133	12.6	78.7	23.9	78.7	24.0	78.3	21.1
9	139	14.5	80.0	28.2	80.2	25.8	80.1	23.6
10	144	15.8	80.1	30.5	80.7	28.1	80.1	25.9
11	147	17.0	80.1	32.2	81.2	30.0	80.4	28.1
12	149	18.1	80.3	34.3	82.0	31.6	81.5	32.7
13	150	19.2	81.1	40.7	83.6	36.0	82.0	41.8

表 6-7 采放比 1 : 2 数值模拟顶煤回收率与含矸率

统计次序	第 7 刀		第 8 刀		第 9 刀		第 10 刀	
	回收率/%	含矸率/%	回收率/%	含矸率/%	回收率/%	含矸率/%	回收率/%	含矸率/%
1	24.7	0.00	9.11	0.00	15.7	0.00	5.85	0.00
2	46.4	0.00	14.1	0.00	26.0	0.00	17.0	0.00
3	82.7	1.85	31.8	4.00	41.0	2.84	40.3	2.21
4	106	5.02	39.2	4.92	48.0	4.25	47.5	4.25
5	114	5.93	49.7	6.36	54.6	5.76	54.6	6.05
6	123	8.17	58.4	8.64	61.5	6.79	61.5	7.73
7	126	8.85	64.8	11.6	68.4	8.09	66.1	9.36
8	128	9.40	67.5	12.9	71.9	8.94	69.9	10.5
9	129	11.3	70.2	14.8	77.2	10.5	74.2	13.2
10	130	12.2	71.7	16.5	80.1	12.3	75.9	16.7
11	131	13.0	73.3	17.9	83.6	15.9	77.2	20.1
12	133	13.7	74.4	21.2	84.7	16.8	78.1	24.1

表 6-7(续)

统计次序	第 7 刀		第 8 刀		第 9 刀		第 10 刀	
	回收率 /%	含矸率 /%	回收率 /%	含矸率 /%	回收率 /%	含矸率 /%	回收率 /%	含矸率 /%
13	134	14.5	75.5	22.0	86.5	20.5	78.7	26.4
14	137	15.3	76.6	23.5	91.6	25.4	79.3	29.1
15	138	16.1	77.6	29.0	95.4	30.6	79.5	30.9

表 6-8 采放比 1∶3 数值模拟顶煤回收率与含矸率

统计次序	第 7 刀		第 8 刀		第 9 刀		第 10 刀	
	回收率 /%	含矸率 /%	回收率 /%	含矸率 /%	回收率 /%	含矸率 /%	回收率 /%	含矸率 /%
1	46.8	0.00	6.39	0.00	4.21	0.00	10.5	0.00
2	64.0	0.00	12.1	0.00	8.83	0.00	14.2	0.00
3	78.3	1.58	37.1	3.24	22.0	3.85	31.5	4.14
4	83.6	2.73	52.3	4.18	33.3	6.97	45.0	5.77
5	86.8	3.57	65.9	5.62	44.0	7.54	54.6	8.55
6	91.5	4.73	73.5	6.80	53.8	9.93	64.2	9.32
7	98.2	5.20	80.9	8.98	62.7	12.6	69.1	10.8
8	101	7.35	83.3	11.2	68.3	14.6	73.3	12.2
9	104	8.38	86.5	14.0	72.7	18.4	78.4	14.7
10	108	9.27	88.1	18.0	76.2	22.7	81.5	18.6
11	110	10.6	89.5	22.3	78.5	26.9	83.4	22.8
12	113	11.2	90.8	26.7	80.4	30.8	84.3	27.5
13	114	13.7	91.5	31.8	81.6	35.1	85.3	30.8
14	116	16.1	93.4	36.9	82.2	38.6	86.5	34.3
15	116	17.6	93.8	41.1	82.7	41.3	90.0	43.6
16	117	23.7	94.1	44.9	82.9	42.8	95.0	45.1

分别对表 6-6～表 6-8 中的 4 刀顶煤回收率与含矸率取平均值,结果见表 6-9。

表 6-9　数值模拟不同采放比条件下顶煤回收率与含矸率平均值

称量次序	采放比 1:1		采放比 1:2		采放比 1:3	
	平均回收率/%	平均含矸率/%	平均回收率/%	平均含矸率/%	平均回收率/%	平均含矸率/%
1	15.97	0.00	13.84	0.00	16.98	0.00
2	33.18	0.00	25.88	0.00	24.78	0.00
3	57.63	2.97	48.95	2.73	42.23	3.20
4	72.38	6.14	60.18	4.61	53.55	4.91
5	83.05	10.05	68.23	6.03	62.83	6.32
6	87.85	15.13	76.10	7.83	70.75	7.70
7	90.28	17.23	81.33	9.48	77.73	9.40
8	92.18	20.40	84.33	10.44	81.48	11.34
9	94.83	23.03	87.65	12.45	85.40	13.87
10	96.23	25.08	89.43	14.43	88.45	17.14
11	97.18	26.83	91.28	16.73	90.35	20.65
12	98.20	29.18	92.55	18.95	92.13	24.05
13	99.18	34.43	93.68	20.85	93.10	27.85
14			96.13	23.33	94.53	31.48
15			97.63	26.65	95.63	35.90
16					97.25	39.13

根据表 6-9 绘出数值模拟不同采放比顶煤回收率与含矸率的关系曲线,如图 6-11 所示。

由图 6-11 可知:① 采放比 1:1 条件下,所放顶煤中开始混入矸石时对应的顶煤回收率为 33.18%,继续放煤,顶煤回收率增加速度较快,而含矸率增加速度缓慢。当顶煤回收率增加至 83.05% 时,对应含矸率为 10.05%,如

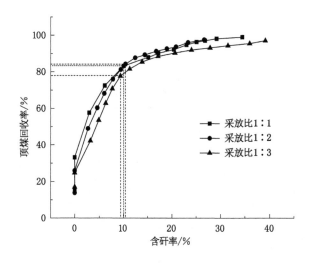

图 6-11　数值模拟顶煤回收率与含矸率的关系

果继续放煤,含矸率将快速增加,而顶煤回收率则增加缓慢,对提高生产效益意义不大,故此采放比条件下的顶煤拐点回收率和拐点含矸率分别为 83.05% 和 10.05%。② 采放比 1∶2 条件下,所放顶煤中开始混入矸石时对应的顶煤回收率为 25.88%,此采放比条件下的顶煤拐点回收率和拐点含矸率分别为 84.33% 和 10.44%。③ 采放比 1∶3 条件下,所放顶煤中开始混入矸石时对应的顶煤回收率为 24.78%,此采放比条件下的顶煤拐点回收率和拐点含矸率分别为 77.73% 和 9.40%。

　　综上可知:与模型试验类似,同一采放比条件下,数值模拟所得矸石开始混入放出顶煤中时对应的顶煤回收率较理论分析小得多,这是因为理论推导过程没有考虑"窜矸"现象,而 PFC^{2D} 数值模拟以塔山煤矿 8102 综放工作面为工程背景,考虑了煤矸密度的差异,模拟放煤过程中不可避免地会有"窜矸"现象发生,从而导致见矸时的顶煤回收率比理论分析小得多。但总体来看,数值模拟结果仍符合理论分析所得"采放比越大,所放顶煤中开始混入矸石时对应的顶煤回收率越大"这一结论。除此之外,数值模拟所得含矸率与顶煤回收率仍呈非线性增大关系,而且同一采放比条件下,数值模拟所得顶煤拐点回收与模型试验、理论分析所得顶煤拐点回收率误差均在

10％以内，数值模拟所得拐点含矸率与模型试验、理论分析所得拐点含矸率误差均在 5％以内；数值模拟所得不同采放比条件下的拐点含矸率彼此差别不大，在 9％～11％，基本符合理论分析所得"可将含矸率 10％～15％作为放煤终止依据"这一结论。总体而言，数值模拟和模型试验结果均较好地验证了理论分析的准确性。

6.4　本章小结

本章以塔山煤矿 8102 综放开采工作面为工程背景，利用离散颗粒流程序 PFC^{2D}建立了 1∶1、1∶2 和 1∶3 三种采放比的综放开采数值模型，通过采取"见矸关窗"和"过量放煤"两种原则研究煤矸颗粒移动边界、煤矸分界线和放出体形态，分析顶煤回收率和含矸率相互关系，以此来验证随机介质理论分析厚煤层综放开采顶煤放出过程的适用性。

（1）首先利用 PFC^{2D}的 wall 命令生成综放支架和盒子以存储煤矸颗粒，ball 命令生成煤矸颗粒并压实。为了更好地追踪煤矸颗粒的运移过程，颗粒生成过程中每间隔 2 m 添加一层不同颜色的球，从而得到带有标志层的三种采放比的初始模型。然后利用 wall 命令生成和删除墙模拟工作面的推进和放煤口的开闭。每种采放比均推进 10 刀，前 6 刀均采用"见矸关窗"原则，后 4 刀均采用"过量放煤"原则，以此来研究不同放煤阶段的顶煤放出特征。

（2）初始放煤阶段采取"见矸关窗"原则，且每次放煤至标志层高度。通过监测三种采放比的初始放煤过程揭示放煤规律：煤矸分界线在初始放煤过程中近似呈对称漏斗状发育，并与对应理论初始煤矸分界线对比，发现数值模拟与理论分析吻合较好；当恰好见矸时，放煤终止，各标志层亦沉降为漏斗状曲线，将各标志层移动边界点用平滑曲线连接起来得到数值模拟移动边界，并与理论移动边界对比，结果吻合较好，初步证明了随机介质理论的可行性。

（3）周期放煤阶段前 6 刀采取"见矸关窗"原则，后 4 刀采取"过量放煤"原则，分别从未见矸、恰好见矸和过量放煤三种情况分析煤矸分界线和采空区残煤形态特征：三种情况对应的煤矸分界线形态与理论分析结果基本一致；采空区残煤呈条带状且向后倾斜，并随放煤步距呈周期性分布，后4刀的采空区残煤量比前6刀少。这些结论与理论分析吻合较好。

（4）统计不同放出量条件下被放出煤矸颗粒的ID号，然后在初始模型中删除对应ID的颗粒，得到对应的放出体形态，将各放出体顶点颗粒的圆心与放煤口中心连接，得到数值模拟放出体的轴偏角，将数值模拟所得放出体形态与同一放出体高度条件下的理论形态对比，二者吻合较好，且对应轴偏角误差均较小，进一步证明随机介质理论分析厚煤层综放开采顶煤放出过程的可行性。

（5）分别统计周期放煤后4刀放出的煤矸颗粒ID，并计算出对应颗粒面积，结合单个放煤步距顶煤储量的定义，分别计算出每一刀不同放出量对应的顶煤回收率与含矸率，然后对四刀的顶煤回收率与含矸率取平均，从而得到三种采放比条件下四刀的顶煤回收率与含矸率的平均值，并据此绘制出顶煤回收率与含矸率的关系曲线，分析二者相互关系并与理论分析、模型试验结果对比。结果表明：数值模拟所得顶煤回收率与含矸率关系与理论分析、模型试验结果基本一致，三者顶煤拐点回收率误差均在10％以内，拐点含矸率误差均在5％以内，数值模拟所得不同采放比条件下的拐点含矸率均在9％～11％，基本符合"可将含矸率10％～15％作为放煤终止依据"这一理论分析结果。

第 7 章　结论与展望

7.1　主要结论

厚煤层综放开采过程中,断裂区顶煤原生裂纹的起裂扩展直接影响着顶煤的破碎程度,进而决定着破碎区顶煤冒放性的好坏。为此,基于"经典Kachanov 法"推导了拉、压剪作用条件下断裂区煤岩平行偏置裂纹尖端的应力强度因子表达式,并结合单轴压缩试验和 RFPA^{2D} 数值模拟,详细研究了拉、压剪作用条件下煤岩平行偏置裂纹起裂扩展规律;模拟分析了卸荷作用下煤岩单裂纹的起裂特征,分析了其受力机制。研究成果对进一步了解厚煤层综放开采煤岩断裂机理具有一定的借鉴意义。

厚煤层综放开采的最终目的是提高回收率、降低含矸率,以使得综放开采经济效益达到最优,而综放开采破碎区顶煤的放出规律直接决定着顶煤回收率的高低。为此,以厚煤层综放开采为研究背景,基于随机介质理论,推导了破碎区煤矸颗粒运移方程、达孔量方程、煤矸分界线及放出体方程等,确立了煤矸移动边界;根据所推方程分析了不同放煤阶段、不同放出量条件下的煤矸分界线和放出体动态演化特征;协同考虑煤矸分界线和放出体形态,建立了顶煤回收率与含矸率的理论计算模型,并据此分析了顶煤回收率与含矸率的相互关系,给出了厚煤层综放开采放煤终止的参考依据;最后结合大同矿区塔山煤矿 8102 工作面实际工况,利用现场实测数据、模型试验和 PFC^{2D} 数值模拟验证了理论分析的可行性。研究成果对于推动综放开采相关理论研究,指导生产实践具有重要意义。

研究的主要结论如下：

（1）煤岩平行偏置裂纹间的相互作用包括屏蔽效应、强化效应和零效应3种作用形式。当水平间距较大时，两裂纹相互之间基本无影响，随着水平间距的减小，两裂纹相互作用先呈强化效应后呈屏蔽效应。两裂纹重叠时，内、外尖端所受屏蔽和强化效应均随垂直间距的增大而减弱；两裂纹不重叠时，内、外尖端均受强化效应且随垂直间距增大先少许增强而后逐渐减弱。裂纹的屏蔽区和强化区均随裂纹长度的增加而增大，在距裂纹尖端位置固定处，随裂纹长度的不同，该处可在屏蔽区、强化区和零效应区之间相互转化。拉剪作用条件下，两平行偏置裂纹重叠时，随着裂纹倾角的增大，内尖端所受Ⅰ型屏蔽作用增强，所受Ⅱ型屏蔽作用减弱且趋势明显；两裂纹不重叠时，随着裂纹倾角的增大，内尖端所受Ⅰ型强化作用增强，所受Ⅱ型强化作用减弱且趋势不明显，平行偏置裂纹相互作用在60°和30°两种倾角情况下表现得最剧烈。

（2）卸荷条件下的煤岩单裂纹扩展是由卸载差异回弹变形引起的拉应力和裂纹面剪应力增大而抗剪力减小的综合作用引起的。裂纹倾角较小时，起裂位置位于裂纹上，并随倾角的增大，而逐渐向裂纹尖端靠近，当倾角达到某一值后，起裂位置将稳定在裂纹尖端；裂纹长度较小时，即使其倾角较小，也可能在裂纹尖端起裂，裂纹长度较大时，即使其倾角较大，也有可能在裂纹中部起裂；卸荷过程中，顶煤并不能像单轴压缩那样沿着发育裂纹完整破坏，而是裂纹起裂扩展有限的一段长度后，减缓甚至停止扩展，在裂纹尖端和其他部位发育出很多微裂纹，导致顶煤抗压强度迅速减小，最终在较大的轴向压力的作用下压碎，同时裂纹出现压密闭合现象。综上，裂纹的倾角越小，长度越长，卸载速率越快，其起裂越容易。

（3）初始放煤阶段的煤矸分界线均呈现如下特征：放出量较少时，煤矸分界线最低点大致位于 y 轴上，随着放出量的增加，煤矸分界线最低点逐渐向采空区后方偏移，偏移量逐渐增大，表明最低点位置处的顶煤颗粒的运移受综放支架掩护梁的影响越来越大；一定程度后，煤矸分界线最低点偏移量逐渐减小，直至放煤口处与坐标原点重合，表明掩护梁对该顶煤颗粒运移影响越来越小,放煤口对其运移影响越来越大;整个初始放煤阶段,煤矸分界线最低点偏移量不大,其形态近似呈对称演化。

(4) 周期放煤阶段的煤矸分界线均呈如下特征:起始煤矸分界线上任一点切线的斜率均为负值。随着放煤过程的持续,煤矸分界线逐渐凹向放煤口,煤矸分界线最低点理论上与煤矸放出体顶点重合。将通过煤矸分界线最低点和放煤口中心的直线定义为煤矸分界线中心轴,中心轴斜率在整个放煤过程中始终为正值,向采空区方向倾斜。煤矸分界线动态发育过程中,中心轴左上侧部分的煤矸分界线上中部任一点切线的斜率为负值,随着放煤量的增加,其下部任一点切线的斜率逐渐由负值过渡为正值,中心轴左上侧的煤矸分界线整体上呈现上缓下急的趋势,凸向采空区。中心轴右下侧的煤矸分界线任一点切线斜率由负值直接突变为正值,且随着放煤量的增加,斜率逐渐增大,即中心轴右下侧煤矸分界线逐渐变陡。放煤终止后,中心轴右下侧的煤矸分界线与起始煤矸分界线、底板(x 轴)共同围成的冒落顶煤构成了周期性出现的倾向采空区的条带状残煤。

(5) 由于掩护梁以及放煤口的边界效应,放出体主要由支架后上方的顶煤组成;针对某一固定采放比,当放出量较小时,放出体较接近掩护梁切割的类球形,轴偏角较大,此时传统椭球体理论适用性相对较低,随着放煤持续,放出体轴偏角逐渐减小,其形状逐渐演化成掩护梁切割相对标准的类椭球状;针对某一固定放出体高度,放出体轴偏角以及放出量均随着采放比的减小而减小,小采放比条件下的放出体较之大采放比条件下的放出体更接近椭球状。

(6) 放煤过程中,顶煤回收率与含矸率呈非线性增大关系;采放比越大,放煤过程中开始见矸时对应的放出体高度越小,但对应的顶煤回收率则越大;提出了拐点含矸率以及顶煤拐点回收率的概念,在实际生产中,无论何种采放比,均可将含矸率 $10\%\sim15\%$ 作为放煤终止的依据。

7.2　展望

　　本书综合利用理论分析、试验和数值模拟方法,首先研究了拉、压剪作用条件下煤岩平行偏置裂纹相互作用规律和卸荷作用条件下煤岩单裂纹的扩展演化特征,然后着重探讨了综放开采过程中顶煤的放出规律。研究成果对于进一步理解煤岩断裂机理、揭示顶煤放出规律、推动综放开采相关理论研究和指导生产实践具有一定的理论和现实意义,但是仍存在一些问题和不足,需要进一步研究。

　　(1)理论分析了煤岩平行偏置裂纹相互作用规律和单裂纹的扩展演化特征,但综放开采过程中,煤岩中的原生裂纹数量较多且排列不规则,因此,对任意排列多裂纹间的相互作用有待进一步研究。

　　(2)研究煤岩平行偏置裂纹相互作用时,单纯考虑受远场拉剪和压剪两种受力条件,而综放开采实际生产中,煤岩块体的受力情况极为复杂,其尺寸也不可能符合理论分析假定的无限大平板。因此,理论分析与工程实际存在一定偏差。

　　(3)理论研究厚煤层综放开采顶煤放出规律时,忽略了煤矸块度、密度以及移架导致煤矸垮落等因素的影响,而实际生产时这些因素对煤矸块体的运移干扰较大。因此,如何从理论上考虑煤矸块度、密度以及移架效应还需进一步研究。

参 考 文 献

[1] 王双明,申艳军,宋世杰,等."双碳"目标下煤炭能源地位变化与绿色低碳开发[J].煤炭学报,2023,48(7):2599-2612.

[2] 王家臣.厚煤层开采理论与技术[M].北京:冶金工业出版社,2009.

[3] 陈炎光,钱鸣高.中国煤矿采场围岩控制[M].徐州:中国矿业大学出版社,1994.

[4] 范维唐,蔡坫.中国厚煤层综采技术现状和发展方向[J].煤炭学报,1993,18(1):1-10.

[5] 钱鸣高,石平五,许家林.矿山压力与岩层控制[M].徐州:中国矿业大学出版社,2010.

[6] 吴健.我国放顶煤开采的理论研究与实践[J].煤炭学报,1991,16(3):1-11.

[7] 于斌.大同矿区煤层开采[M].北京:科学出版社,2015.

[8] 李化敏,周英,翟新献.放顶煤开采顶煤变形与破碎特征[J].煤炭学报,2000,25(4):352-355.

[9] 张顶立,王悦汉.含夹矸顶煤破碎特点分析[J].中国矿业大学学报,2000,29(2):160-163.

[10] 王卫军,侯朝炯.急倾斜煤层放顶煤顶煤破碎与放煤巷道变形机理分析[J].岩土工程学报,2001,23(5):623-626.

[11] 赵伏军,李夕兵,胡柳青.巷道放顶煤法的顶煤破碎机理研究[J].岩石力学与工程学报,2002,21(增刊2):2309-2313.

[12] 陈忠辉,谢和平,林忠明.综放开采顶煤冒放性的损伤力学分析[J].岩

石力学与工程学报,2002,21(8):1136-1140.

[13] 陈忠辉,谢和平,王家臣.综放开采顶煤三维变形、破坏的数值分析[J].岩石力学与工程学报,2002,21(3):309-313.

[14] 席婧仪,陈忠辉,朱帝杰,等.拉、压剪作用下煤岩不等长共线裂纹相互作用[J].辽宁工程技术大学学报(自然科学版),2015,34(4):474-479.

[15] 席婧仪,陈忠辉,朱帝杰,等.岩石不等长裂纹应力强度因子及起裂规律研究[J].岩土工程学报,2015,37(4):727-733.

[16] 田利军.放顶煤开采爆破破碎硬顶煤研究[J].煤炭学报,2003,28(1):17-21.

[17] 王开,张彬,康天合,等.浅埋综放开采煤层裂隙与工作面方位匹配的物理模拟与应用[J].煤炭学报,2013,38(12):2099-2105.

[18] 魏锦平,李胜利,靳钟铭.综放采场顶煤压裂机理的实验研究[J].岩石力学与工程学报,2002,21(8):1178-1182.

[19] 康鑫,薛忠智,蒋威,等.综采放顶煤工作面顶煤破碎机理分析[J].煤炭工程,2017,49(8):107-109.

[20] YASITLI N E,UNVER B.3D numerical modeling of longwall mining with top-coal caving[J].International journal of rock mechanics and mining sciences,2005,42(2):219-235.

[21] 祝凌甫,闫少宏.大采高综放开采顶煤运移规律的数值模拟研究[J].煤矿开采,2011,16(1):11-13,40.

[22] 闫少宏,吴健.放顶煤开采顶煤运移实测与损伤特性分析[J].岩石力学与工程学报,1996,15(2):155-162.

[23] 张玉军,李凤明.高强度综放开采采动覆岩破坏高度及裂隙发育演化监测分析[J].岩石力学与工程学报,2011,30(增刊1):2994-3001.

[24] 涂敏,桂和荣,李明好,等.厚松散层及超薄覆岩厚煤层防水煤柱开采试验研究[J].岩石力学与工程学报,2004,23(20):3494-3497.

[25] 刘英锋,王世东,王晓蕾.深埋特厚煤层综放开采覆岩导水裂缝带发育特征[J].煤炭学报,2014,39(10):1970-1976.

［26］来兴平,孙欢,单鹏飞,等.急斜特厚煤层水平分段综放开采覆层类椭球
体结构分析［J］.采矿与安全工程学报,2014,31(5):716-720.

［27］VAKILI A,HEBBLEWHITE B K. A new cavability assessment crite-
rion for Longwall Top Coal Caving［J］. International journal of rock
mechanics and mining sciences,2010,47(8):1317-1329.

［28］ALEHOSSEIN H,POULSEN B A. Stress analysis of longwall top coal
caving［J］. International journal of rock mechanics and mining sciences,
2010,47(1):30-41.

［29］高超,徐乃忠,刘贵,等.特厚煤层综放开采地表沉陷规律实测研究［J］.
煤炭科学技术,2014,42(12):106-109.

［30］KAREKAL S,DAS R,MOSSE L,et al. Application of a mesh-free
continuum method for simulation of rock caving processes［J］. International
journal of rock mechanics and mining sciences,2011,48(5):703-711.

［31］贾光胜.综放开采顶煤冒放性确定［J］.煤炭科学技术,2001,29(7):
42-44.

［32］郭超.综放开采顶煤冒放性识别的未确知测度模型及工程应用［J］.煤
炭学报,2012,37(增刊2):293-300.

［33］康天合,柴肇云,李义宝,等.底层大采高综放全厚开采20 m特厚中硬
煤层的物理模拟研究［J］.岩石力学与工程学报,2007,26(5):
1065-1072.

［34］白义如,白世伟,靳钟铭,等.特厚煤层分层放顶煤相似材料模拟试验研
究［J］.岩石力学与工程学报,2001,20(3):365-369.

［35］王家臣,李志刚,陈亚军,等.综放开采顶煤放出散体介质流理论的试验
研究［J］.煤炭学报,2004,29(3):260-263.

［36］王家臣,魏立科,张锦旺,等.综放开采顶煤放出规律三维数值模拟［J］.
煤炭学报,2013,38(11):1905-1911.

［37］张锦旺,潘卫东,李兆龙,等.综放开采散体顶煤放出三维模拟试验台的
研制与应用［J］.岩石力学与工程学报,2015,34(增刊2):3871-3879.

[38] 张锦旺,王家臣,魏炜杰,等.块度级配对散体顶煤流动特性影响的试验研究[J].煤炭学报,2019,44(4):985-994.

[39] 张锦旺,程东亮,王家臣,等.水平分段综放开采顶煤放出体理论计算模型[J].煤炭学报,2023,48(2):576-592.

[40] 王兆会,王家臣,王凯.综放开采顶煤冒放性预测模型的构建与应用[J].岩石力学与工程学报,2019,38(1):49-62.

[41] 黄炳香,刘长友,吴锋锋,等.极松散细砂岩顶板下放煤工艺散体试验研究[J].中国矿业大学学报,2006,35(3):351-355.

[42] 吴锋锋,刘长友,黄炳香,等.松散细砂岩顶板下综采合理放煤步距的确定[J].煤炭科学技术,2006,34(4):52-55.

[43] 黄炳香,刘长友,程庆迎.低位综放开采顶煤放出率与含矸率的关系[J].煤炭学报,2007,32(8):789-793.

[44] 黄炳香,刘长友,牛宏伟,等.大采高综放开采顶煤放出的煤矸流场特征研究[J].采矿与安全工程学报,2008,25(4):415-419.

[45] 张开智,蒋金泉,吴士良.合理放煤步距的实验研究[J].煤炭学报,2003,28(3):246-250.

[46] 陈庆丰,陈忠辉,李辉,等.平朔矿区综放开采顶煤放出规律试验研究[J].煤炭工程,2014,46(1):90-93.

[47] 富强,吴健,陈学华.综放开采松散顶煤落放规律的离散元模拟研究[J].辽宁工程技术大学学报(自然科学版),1999,18(6):570-573.

[48] 白庆升,屠世浩,王沉.顶煤成拱机理的数值模拟研究[J].采矿与安全工程学报,2014,31(2):208-213.

[49] 张勇,司艳龙,石亮,等.大截深综放对含硬煤散体顶煤放出率的影响[J].煤炭学报,2011,36(增刊1):1-6.

[50] 张勇,司艳龙,石亮.块度对顶煤放出率影响的数值模拟分析[J].采矿与安全工程学报,2011,28(2):247-251.

[51] 毛德兵.综放开采割煤高度与顶煤回收率相互关系研究[J].煤矿开采,2009,14(4):13-15.

[52] 蒋金泉,曲华,谭云亮.综放顶煤放出规律与放煤步距的离散元仿真研究[J].岩石力学与工程学报,2004,23(18):3070-3075.

[53] 翟新献,李仕明,杜建鹏,等.底分层综放开采顶煤运移规律研究[J].采矿与安全工程学报,2009,26(1):82-86.

[54] 张益东,张付涛,季明,等.特厚煤层合理放煤工艺研究[J].采矿与安全工程学报,2012,29(6):808-814.

[55] 仲涛.特厚煤层综放开采煤矸流场的结构特征及顶煤损失规律研究[D].徐州:中国矿业大学,2015.

[56] 王家臣,杨建立,刘颢颢,等.顶煤放出散体介质流理论的现场观测研究[J].煤炭学报,2010,35(3):353-356.

[57] 王家臣,张锦旺,杨胜利,等.多夹矸近水平煤层综放开采顶煤三维放出规律[J].煤炭学报,2015,40(5):979-987.

[58] 王家臣,张锦旺.急倾斜厚煤层综放开采顶煤采出率分布规律研究[J].煤炭科学技术,2015,43(12):1-7.

[59] 王家臣,张锦旺.综放开采顶煤放出规律的 BBR 研究[J].煤炭学报,2015,40(3):487-493.

[60] WANG J C,ZHANG J W,LI Z L. A new research system for caving mechanism analysis and its application to sublevel top-coal caving mining [J]. International journal of rock mechanics and mining sciences,2016,88:273-285.

[61] WANG J C,YANG S L,LI Y,et al. Caving mechanisms of loose top-coal in longwall top-coal caving mining method[J]. International journal of rock mechanics and mining sciences,2014,71:160-170.

[62] WANG J C,ZHANG J W,SONG Z Y,et al. Three-dimensional experimental study of loose top-coal drawing law for longwall top-coal caving mining technology[J]. Journal of rock mechanics and geotechnical engineering,2015,7(3):318-326.

[63] YANG S L,ZHANG J W,CHEN Y,et al. Effect of upward angle on the

drawing mechanism in longwall top-coal caving mining[J]. International journal of rock mechanics and mining sciences,2016,85:92-101.

[64] 刘兴国.放矿理论基础[M].北京:冶金工业出版社,1995.

[65] 于海勇,贾恩立,穆荣昌.放顶煤开采基础理论[M].北京:煤炭工业出版社,1995.

[66] 吴健,张勇.关于长壁放顶煤开采基础理论的研究[J].中国矿业大学学报,1998,27(4):332-335.

[67] 王家臣,富强.低位综放开采顶煤放出的散体介质流理论与应用[J].煤炭学报,2002,27(4):337-341.

[68] 王家臣,宋正阳,张锦旺,等.综放开采顶煤放出体理论计算模型[J].煤炭学报,2016,41(2):352-358.

[69] 王家臣,宋正阳.综放开采散体顶煤初始煤岩分界面特征及控制方法[J].煤炭工程,2015,47(7):1-4.

[70] 田多,师皓宇,付恩俊,等.基于椭球体理论的放煤步距与放出率关系研究[J].煤炭科学技术,2015,43(5):51-53,143.

[71] 宋晓波,王鹏宇.综放工作面顶煤放出体形态理论研究[J].煤炭科学技术,2014,42(8):12-14.

[72] 于斌,朱帝杰,陈忠辉.基于随机介质理论的综放开采顶煤放出规律[J].煤炭学报,2017,42(6):1366-1371.

[73] 李银平,杨春和.近置多裂纹相互作用的渐近分析方法[J].力学学报,2005,37(5):600-605.

[74] 中国航空研究院.应力强度因子手册[M].北京:科学出版社,1981.

[75] LITWINISZYN J. Application of the equation of stochastic processes to mechanics of loose bodies[J]. Archiwum mechaniki stosowanej,1956,8(4):393-411.

[76] 刘宝琛,张家生,廖国华.随机介质理论在矿业中的应用[M].长沙:湖南科学技术出版社,2004.

[77] 刘宝琛,张家生.近地表开挖引起的地表沉降的随机介质方法[J].岩石

力学与工程学报,1995,14(4):289-296.

[78] MULLINS W W. Stochastic theory of particle flow under gravity[J]. Journal of applied physics,1972,43(2):665-678.

[79] 任凤玉. 斜壁边界散体移动规律研究[J]. 化工矿山技术,1993(4):23-27.

[80] 任凤玉. 随机介质放矿理论及其应用[M]. 北京:冶金工业出版社,1994.

[81] 任凤玉,刘兴国. 随机介质放矿理论及其应用专题讲座 第一讲 三类边界条件的崩落矿岩移动概率方程[J]. 中国矿业,1995,4(4):80-84.

[82] 任凤玉,刘兴国. 随机介质放矿理论及其应用专题讲座 第二讲 崩落矿岩移动规律方程及其应用[J]. 中国矿业,1995,4(5):81-84.

[83] 王友新,周宗红,杨安国,等. 无底柱分段崩落采矿法采场结构参数研究[J]. 黄金,2015,36(6):29-32.

[84] 王述红,任凤玉,魏永军,等. 矿岩散体流动参数物理模拟实验[J]. 东北大学学报(自然科学版),2003,24(7):699-702.

[85] 乔登攀,孙亚宁,任凤玉. 放矿随机介质理论移动概率密度方程研究[J]. 煤炭学报,2003,28(4):361-365.

[86] 周宗红. 倾斜中厚矿体损失贫化控制理论与实践[M]. 北京:冶金工业出版社,2011.

[87] 陶干强,任凤玉,刘振东,等. 随机介质放矿理论的改进研究[J]. 采矿与安全工程学报,2010,27(2):239-243.

[88] 刘振东,陶干强,任青云,等. 基于随机介质放矿理论的端部放矿贫化损失计算[J]. 煤炭学报,2011,36(4):572-576.

[89] 陶干强,杨仕教,任凤玉. 随机介质放矿理论散体流动参数试验[J]. 岩石力学与工程学报,2009,28(增刊2):3464-3470.